南京水利科学研究院专著基金

紫色土坡耕地土壤水及氮素运移特征研究

谢梅香 著

河海大学出版社
·南京·

图书在版编目(CIP)数据

紫色土坡耕地土壤水及氮素运移特征研究／谢梅香著．—南京：河海大学出版社，2022.10
ISBN 978-7-5630-7646-8

Ⅰ.①紫… Ⅱ.①谢… Ⅲ.①紫色土－坡地－土壤水－研究 ②紫色土－坡地－土壤氮素－研究 Ⅳ.①S152.7 ②S153.6

中国版本图书馆 CIP 数据核字(2022)第 181512 号

书　　名	紫色土坡耕地土壤水及氮素运移特征研究
书　　号	ISBN 978-7-5630-7646-8
责任编辑	曾雪梅
特约校对	薄小奇
封面设计	张育智　刘　冶
出版发行	河海大学出版社
地　　址	南京市西康路 1 号(邮编：210098)
网　　址	http://www.hhup.com
电　　话	(025)83737852(总编室)　(025)83722833(营销部)
	(025)83787103(编辑部)
经　　销	江苏省新华发行集团有限公司
排　　版	南京月叶图文制作有限公司
印　　刷	江苏凤凰数码印务有限公司
开　　本	700 毫米×1 000 毫米　1/16
印　　张	8.25
字　　数	144 千字
版　　次	2022 年 10 月第 1 版
印　　次	2022 年 10 月第 1 次印刷
定　　价	52.00 元

前 言

  山地丘陵占据了中国大约2/3的陆地国土面积,其中西南地区、黄土高原地区和长江中下游地区坡耕地较多,总面积达到了1 559.9万hm^2,且西南地区坡耕地面积达到了全国坡耕地面积的48.78%,其耕作作物带来的经济和民生价值不容小觑。特别地,紫色土坡耕地是西南地区及长江中下游地区坡耕地的重要组成部分。然而,在农业生产中因为追求高产而大量使用化肥,加上坡耕地突出的水土流失现象导致了污染物大量迁移,造成坡耕地面源污染,并严重威胁到区域水环境的可持续性发展。

  由于紫色土是发育在紫色页岩上具有大孔隙和高入渗能力的质地疏松土壤,加之其独特的"岩土二元结构"的土壤结构特点,因此很容易形成壤中流。紫色土主要受物理风化作用影响,土质地较松软,成土作用弱并含有大量母岩碎片,整体上土壤结构松散,易发生流失。长期存在的不合理土地利用和当地落后的生产方式等又加剧了水土流失。除土壤侵蚀造成的泥沙携带养分流失,紫色土地区坡耕地的养分随着地表径流和壤中流流失的情况也不容忽视。加之当地属亚热带季风气候,夏季强降雨较为集中,坡耕地养分随地表水土和壤中流流失现象非常突出,氮磷流失尤为显著。流失的养分随泥沙和地表径流大量地进入水体,导致了坡耕地邻近水体较严重的面源污染问题,壤中流携带的流失养分向地下水迁移造成地下水的污染。坡耕地水土流失过程中伴随着的养分流失,是坡耕地地形地貌和当地降雨条件等综合作用的结果。不同影响因子对养分流失的影响程度虽有不同,但也存在着一定的交互作用,因此要深入了解坡耕地的养分流失规律,必须要理解各个影响因素(如降雨、坡度、土壤中氮素初始分布状况和产流流量等)对养分流失的作用。对坡耕地养分流失机制的研究有助于坡耕地面源污染的治理,并为保持坡耕地养分和保证作物产量提供理论和方法依据。

  本书建立了不同雨强和坡度下地表径流和地下壤中流流量与氮素流失浓度和负荷之间的函数关系。通过土壤孔隙水中的硝态氮在单场降雨(短历时)和间歇性多次降雨(长历时)事件中的迁移通量,揭示了地下硝态氮流失特征。在传统的紫色土坡地氮素流失影响因素的研究中加入沿坡度方向的壤中氮素分布这一影响因子,回归得到雨强、产流量、产流历时、土壤中沿坡度方向分布的氮素浓度等影响因素与坡地地下氮素流失的函数关系。除此以外,以往的研究对地表氮素流失模拟的应用大多局限于黄土和红壤,对于紫色土坡面氮素流失的数值模拟应用较为缺乏。本书利用有效混合深度模型对紫色土坡地地表氮素流失过程进行数值模拟,并将传统的有效混合深度模型中的混合深度定值改进成随时间而变化的变量,得到本书中的变有效混合深度模型。相较于传统混合深度模型,该模型提高了紫色土坡面氮素流失过程的模拟精度。

  在数值模拟方面,本书构建了基于 HYDRUS-2D 的紫色土坡地壤中氮素迁移和流失的数学模型,利用实测数据对模型参数进行率定,模拟值与观测值比较分析取得了较好的相关性。在耦合模型中,既将氮素运移和地下流失过程紧密联系,又分别得到运移和流失两个独立过程的模拟结果分析。与传统的紫色土坡地壤中氮素淋失模拟研究相比,本书更为细致地展示出坡地中氮素的运移和地下流失特征。和以往对紫色土坡地地下氮素流失的研究相比,本书对紫色土坡地地下硝态氮顺坡度方向的侧向流失和往深层地下水中垂直方向的淋失做了区分,根据构建的模型评估并对比了坡地地下硝态氮侧向和垂直淋失的过程与特征。在此基础上,本书提出控制紫色土坡耕地氮素流失的措施,为减弱紫色土坡耕地地区的水环境污染和增强农业可持续发展提供参考依据。

本书的出版得到了南京水利科学研究院专著基金、中央级公益性科研院所基本科研业务费《坡耕地土壤中氮素分布对其迁移和流失的影响研究》(Y921007)和国家自然科学基金青年项目《坡耕地养分流失及其对非均匀施肥方式的响应研究》(42207105)的资助,在此表示衷心的感谢。

本书参考和引用了大量国内外专家学者的有关研究成果,作者从中获得了十分大的启迪和教益,在此一并表示衷心的感谢!

由于研究水平有限,书中尚存不足之处,敬请读者批评指正。

目 录

第一章　绪论 ··· 1
　1.1　控制农业面源污染的重要性 ·· 1
　　1.1.1　控制农业面源污染是走农业绿色发展之路的必然选择 ··· 1
　　1.1.2　控制农业面源污染是保障我国农业高质量发展的重要
　　　　　举措之一 ··· 2
　　1.1.3　控制农业面源污染是助力乡村振兴的必要措施之一 ····· 3
　1.2　紫色土坡耕地农业面源污染特点 ·································· 3
　1.3　紫色土坡地氮素运移流失研究进展 ································ 4
　　1.3.1　产流产沙特征 ··· 5
　　1.3.2　氮素运移流失特征 ··· 7
　　1.3.3　坡地氮素运移流失的影响因素 ······························ 9
　　1.3.4　各形态氮素的流失方式及比重 ···························· 14
　1.4　坡地氮素运移流失模型综述 ······································ 15
　　1.4.1　坡地氮素向地表径流运移流失的数学模型 ············· 15
　　1.4.2　坡地氮素随壤中流运移流失的数学模型 ··············· 18
　　1.4.3　紫色土坡地氮素运移流失模型的应用 ·················· 21
　　1.4.4　紫色土坡耕地氮素迁移流失需研究的问题 ············ 22

第二章　紫色土坡耕地土壤水运移过程及特征 ······················ 24
　2.1　研究材料与方法 ··· 24
　　2.1.1　研究区概况 ·· 24
　　2.1.2　室内试验装置 ·· 25
　2.2　土壤剖面水分运移规律 ·· 26
　　2.2.1　短时期内水分运移规律 ····································· 26

2.2.2 长期的水分运移规律 ································ 28
2.3 坡地地表及地下产流过程 ································ 29
2.3.1 地表产流与产沙过程 ································ 29
2.3.2 壤中流方式的地下产流过程 ························ 31

第三章 紫色土坡耕地壤中氮素运移流失过程与特征 ············ 33
3.1 土壤剖面氮素运移规律 ································ 33
3.1.1 短时期内氮素运移规律 ···························· 33
3.1.2 长期的氮素运移规律 ······························ 35
3.2 降雨-水分运移-氮素运移相互关系 ···················· 37
3.3 地表及地下的氮素流失规律 ···························· 37
3.3.1 氮素随地表径流流失的过程与特征 ················ 37
3.3.2 氮素随壤中流流失的过程与特征 ·················· 40
3.3.3 各形态氮素的流失比例及途径 ···················· 43
3.4 产流与氮素流失的关系 ································ 46
3.4.1 产流过程与氮素流失浓度的关系 ·················· 46
3.4.2 产流过程与氮素流失负荷的关系 ·················· 49

第四章 不同影响因子对紫色土坡地氮素运移和流失的作用 ······ 53
4.1 降雨对氮素流失的影响 ································ 53
4.1.1 地表径流携带氮素流失 ···························· 53
4.1.2 地表泥沙携带氮素流失 ···························· 55
4.1.3 壤中流携带氮素流失 ······························ 57
4.2 坡度对氮素流失的影响 ································ 58
4.2.1 地表氮素流失 ···································· 58
4.2.2 地下氮素流失 ···································· 61
4.3 初始氮素分布对氮素运移流失的影响 ···················· 62
4.3.1 土壤中氮素变化的时空特征 ························ 63
4.3.2 硝态氮在土壤中的分布与地下流失的联系 ·········· 65
4.4 各影响因子对壤中氮素流失的综合评价 ·················· 68
4.4.1 变降雨条件的长时间序列 ·························· 68
4.4.2 单次降雨的短时间序列 ···························· 70

目 录

    4.4.3 壤中硝态氮运移和流失的相互关系 ·············· 70

第五章 坡地氮素运移及流失的数值模拟 ·············· 72
  5.1 数值模拟的理论方法 ·············· 72
    5.1.1 地表径流携带氮素流失的数学模型 ·············· 73
    5.1.2 地下氮素运移及流失的数学模型 ·············· 75
  5.2 随地表径流流失氮素的数值模拟分析 ·············· 79
    5.2.1 模型参数率定结果 ·············· 79
    5.2.2 模拟值与实测值的结果对比 ·············· 80
  5.3 随壤中流流失氮素的数值模拟分析 ·············· 89
    5.3.1 模型参数率定结果 ·············· 89
    5.3.2 模拟值与实测值结果对比 ·············· 90
  5.4 土壤剖面氮素运移的数值模拟 ·············· 92
    5.4.1 短历时土壤观测点硝态氮的模拟值与实测值对比 ·············· 92
    5.4.2 长历时土壤观测点硝态氮的模拟值与实测值对比 ·············· 93

第六章 硝态氮随壤中流运移流失的预测 ·············· 96
  6.1 土壤硝态氮运移流失对降雨的响应 ·············· 96
    6.1.1 情景设置 ·············· 96
    6.1.2 观测点硝态氮浓度变化对降雨强度和降雨历时的响应 ··· 97
    6.1.3 硝态氮流失对降雨的响应 ·············· 98
  6.2 不同初始浓度分布下的硝态氮运移和流失特征 ·············· 99
    6.2.1 情景设置 ·············· 99
    6.2.2 土壤含水量的时空变化特征 ·············· 101
    6.2.3 土壤水流失动态过程 ·············· 102
    6.2.4 土壤硝态氮分布的时空特征 ·············· 103
    6.2.5 地下硝态氮侧向和垂直流失过程对比 ·············· 105
  6.3 控制紫色土坡耕地氮素流失的措施 ·············· 108
    6.3.1 地表氮素流失的控制 ·············· 108
    6.3.2 地下氮素淋失的控制 ·············· 108

参考文献 ·············· 110

第一章 绪 论

1.1 控制农业面源污染的重要性

1.1.1 控制农业面源污染是走农业绿色发展之路的必然选择

农业面源污染防治是一个系统而长期的工程,关系到农村、农业可持续发展和人民群众的身体健康。在当前实施乡村振兴战略和可持续发展战略背景下,要加快支撑农业绿色发展的科技创新步伐,就要瞄准农业水土资源约束趋紧、面源污染加剧、生态系统退化等突出问题,系统解决制约产业和区域绿色发展的重大关键科技问题和技术瓶颈。

过去三十年,农业污染防控已进入快速发展阶段,农业面源污染已成为我国地表水体的主要污染类型。为追求粮食高产、满足不断增长的人口需求,我国化肥、农药和农膜的使用量增加了2~4倍[1],农业化学品的过量投入增加了农业面源污染的风险,严重影响了地表水环境的生态健康和水环境的整体稳定性。农业生产活动中使用的肥料养分以多种途径排放到环境中,如肥料氮可通过氨挥发、硝化和反硝化作用、地表径流和淋溶等途径进入大气和水体,磷可通过径流、侵蚀、淋失等进入水体,导致水体富营养化和大气污染等环境问题。土壤中残留的养分过多,也可能会增加养分淋失和水环境污染的风险。最新监测表明,化肥氮施入土壤后以气态损失的比例约占施氮量的20%左右,通过径流和淋溶损失的比例约为10%。第二次全国污染源普查数据显示,我国种植业总氮和总磷排放均占全国水体污染总排放量的24%左右。以长江流域为例,农业面源污染占长江水体氮磷输入的50%以上,过去三十年间我国长江流域可溶性无机氮磷含量增长4~5倍,贡献了近海氮磷排放总量的60%和88%[1]。因此,打好农业面源污染治理攻坚战,结合农业面源污染的特征及其主要来源,深入分析相关的影响因素,结合实际情况,提出有针对性的防控技术与应用策略,从而提升农业绿色发展能力,实现质量兴农、绿色兴农、科技兴农,是我国今后一段时期需要应对的一个重大挑战。

1.1.2 控制农业面源污染是保障我国农业高质量发展的重要举措之一

我国农业生产面临着养活14亿人口的巨大压力,化肥的过量施用造成了农业面源污染,如何在保障粮食安全的前提下有效控制农业面源污染是我国农业发展面临的重大挑战[2]。2017年我国种植业总氮和总磷水体排放较2007年分别减少了88万t和3.3万t。全国七大流域和湖泊的氮磷浓度总体呈下降趋势,长江流域首次实现消除劣V类水体。尽管如此,我国面源污染形势依然严峻。1980—2018年间,中国化肥消费量增长了345%,约占世界化肥总消费量的1/3[3]。2019年我国化肥施用量达5 404万t,化肥施用强度(326 kg/hm²)仍超国际安全施用水平建议的225 kg/hm²。2020年我国三大粮食作物化肥利用率平均为40.2%,仍比欧美等发达国家低10~20个百分点。农药和农膜投入量分别为139万t/a和241万t/a,虽出现增量拐点,但施用量依然处于高位;农药不合理施用现象在我国仍普遍存在,农药利用率为40.6%,低于发达国家的50%~60%;我国农田土壤农膜残留量高达118万t,农膜回收率低于60%。养殖业面源污染风险逐渐凸显,其总氮排放量和总磷排放量在农业中占比分别由2007年的37.9%、56.3%上升到2017年的42.1%、56.5%。水产养殖业的污染物排放比例较低,但总氮和总磷的绝对量仍呈上升趋势。此外,我国流域水体农药、抗生素、病原菌和微塑料等新型污染物的风险开始凸显,给我国水环境保护带了新的挑战。

因此,在"十四五"期间,为确保我国水环境水生态安全,实现我国农业高质量发展,控制农业面源污染是十分必要的。2018年以来,以生态文明建设引领乡村振兴标志着农业面源污染治理迈入新时期,对农业面源污染治理提出了更高的要求,农业农村环境污染的治理势必倒逼农业转型升级,调整以达标排放为核心的传统治理思路,建立起粮食增产稳产和水体环境安全的农业面源污染管理体系和科学控污减排技术体系。

1.1.3 控制农业面源污染是助力乡村振兴的必要措施之一

治理农业面源污染是推进实现乡村振兴战略中"生态宜居"目标的必要举措,党的十九大做出实施乡村振兴战略的重大决策部署,农村的生态环境明显好转成为战略实施的重要目标任务。我国农业面源污染问题突出,污染物排放总量增长显著,远高于工业生产与城市生活排污造成的点源污染[4],因此亟须削减土壤和水环境农业面源污染,促进土壤质量和水质改善,持续推进农业面源污染治理体系建设和治理能力提升。

乡村振兴战略明确提出"加强农业面源污染防治,开展农业绿色发展行动",推进农村生态文明建设[5]。要实现乡村"生态振兴""宜居宜业",农业面源污染治理必不可少。农业面源污染发生强度具有显著的地理特征,污染治理需根据土壤类型、土地利用类型和地形条件等基本信息因地制宜。

在探索乡村振兴的路径中,要加强农业面源污染治理,解决绿色农业发展面临的困境,建立污染治理长效机制。农业面源污染来源分散,迁移特征呈现出时间上的随机性和空间上的不确定性,对受纳水体环境质量的影响存在滞后作用,过程拦截和末端治理较难控制,在治理上应更加注重源头治理。要大力发展节水农业,提高灌溉水利用率。加强灌溉水质监测与管理,严禁用未经处理的工业和城市污水灌溉农田。充分利用现有沟、塘、窖等,建设生态缓冲带、生态沟渠、地表径流集蓄与再利用设施,有效拦截和消纳农田退水和农村生活污水中的各类有机污染物,净化农田退水及地表径流。同时,减少农业投入品、提高资源化利用率,结合生态措施和工程措施,注重各种生态要素的协同治理,增强各项举措的关联性和耦合性,提高综合治理的系统性和整体性。

1.2 紫色土坡耕地农业面源污染特点

随着农业发展的需求,在农业生产过程中施用化肥来获取作物高产的现象已经非常普遍,其中氮素肥料施用最多。但是氮肥在土壤中通过各种方式运移流失(包括地表及地下流失),使得水环境遭受到严重的污染。除此以外,耕地的氮素流失也使得氮肥在农业生产与管理过程中的利用效率低下,并使得土地质量下降。目前这些都已成为制约我国环境友好和农业可持续性发展的重要因素。由于坡地独特的地形条件,伴随着严重的水土流失问题,氮素沿坡度方向上的运移和流失尤为显著。坡地在我国国土面积中占据了主导地位,特别是在紫色土广泛分布的三峡库区,紫色土坡耕地占据了库区耕地面积的70%以上[6]。紫色土由岩石层风化而来,具有独特的岩-土二元结构,这也使得在土壤和岩石交界处顺着坡度方向的侧向壤中流较为发育。因而,除了坡面流导致的氮素流失,紫色土坡地发育的壤中流更是加速了氮素通过地下出流流失。另外,三峡库区环境气候特征所造成的夏季集中强降雨,加强了地表、地下径流及侵蚀泥沙携带的氮素顺着坡度向坡脚处运移并发生流失,流失的氮素随着汇流进入水体,造成三峡库区内各个小流域的水质富营养化,破坏了库区的水生植物与生物的栖息环境。坡地的氮素运移流失过程中伴随着复杂的物理化学转化与作用,特别是紫色土坡地壤中流对氮素的运移携带过程,涉及氮素在土壤中的运移和转化,更为复杂多变。无论是坡地地表还是地下氮素的流失,都在不同程度上受到当地水文、土壤、地质等因素的影响。以上影响因素共同作用,使得紫色土坡地氮素流失问题呈现区域性特征。

目前,坡地的养分运移和流失问题已成为国内外多个领域内学者们的重点研究内容。为了深入理解氮素在土壤中运移的过程与机理,国内外学者致力于数学模型的构建,同时结合试验数据进行数学模型的分析和应用。本书主要根据紫色土坡地氮素流失的不同发生机制,对氮素通过地表流失和壤中流流失两方面展开研究,将紫色土坡地的氮素运移与流失两个过程更为紧密和全面地结合,并将室内模拟试验结果与数值模拟结果结合,探讨紫色土坡地氮素运移和流失的规律。在此基础上,探讨紫色土坡地氮素流失对降雨、地形和施肥措施的响应,更为深入和全面地研究紫色土坡地氮素流失问题,以期缓解紫色土地区坡地氮素流失,为有效控制紫色土地区氮素流失提供参考。

1.3 紫色土坡地氮素运移流失研究进展

在三峡库区,紫色土坡地氮素运移流失的研究近年来得到广泛关注。三峡库区坡耕地养分流失的研究主要依靠模拟试验来进行。研究方法主要有室内模拟降雨[7-9]、径流小区模拟降雨[10-12]或天然降雨[13-17]以及在流域出口设置监测断面[18,19]。其中,室内模拟实验规模小,和径流小区相比,土槽的规格相对来说小一些,土壤地表面积一般为1~3 m²,长在2~3 m范围内变化,宽在0.5~1 m范围内变化,利用供试土样进行回填,在一定程度上破坏了土壤原有的孔隙结构,代表性较差,但较于野外径流小区试验来说过程和条件易于控制且成本较低,较适用于机理研究。而田间试验规模大于室内试验,这种径流小区的规模一般在地表面积25~30 m²、长10~15 m、宽2~3 m的范围内变化,虽采用原状土,能真实反映试验田块情况,但区域的代表性仍然不足。流域断面监测则具备大尺度的天然试验条件,流域代表性强,但试验测定条件参差不齐且初始条件难以控制,导致规律性较差。相对于试验方法,数学模型在紫色土坡地氮素流失问题上的应用和研究还较为缺乏。

1.3.1 产流产沙特征

早在二十世纪九十年代初,刘廷玺[20]通过对壤中流形成机理的数学方程的解析提出了壤中流发生的五个产流条件,分别是:降雨或者灌溉的供水条件,土壤层之间应具有相对不透水层,不透水层上层土壤必先达到田间持水量,雨强或者灌溉强度应大于土壤入渗速率,在相对不透水层上应达到积水的条件。类似地,Dusek等[21]在研究中指出优先流是坡地地下径流产生的一个重要因素。Cheng等[22]也表明优先流路径对土壤中氮素运移有着极大的影响。Walter等[23]在研究中总结坡地地下侧向流动主要有两种类型。其中,最熟悉和常见的一种就是地下饱和流,主要发生在上层土壤层和下层岩石层或磐石层交界处。由于下层岩石层的低入渗能力,使得部分垂直入渗的土壤水在交界处终止垂直运动而沿交界坡面发生侧向流动。第二种主要的侧向流类型主要表现为漏斗流。漏斗流是一种当上层细土壤颗粒与下层粗土壤颗粒之间形成毛细管阻碍时发生的一种特殊的水流现象。当水流低速流动时,上下土层交界处基质势很低,使得土壤水无法穿透下层粗颗粒土层,此时毛管阻力有效地阻碍了土壤水的垂直下渗,迫使土壤水沿着土层交界面侧向流动。

紫色土是一种发育在紫色页岩上的具有大孔隙和强入渗能力的土壤[24-28]。在紫色土山区夏季的强降雨下[25,29],土壤底部页岩与土壤之间不同的孔隙率与入渗率使得降雨在渗入土壤后,在土壤与页岩的临界处沿着临界面形成积水从而发生侧向流动形成壤中流[30,31],以地下径流的方式从土壤出口断面流入邻近水域。紫色土的地表产流及产沙特征则遵循一般的坡面产流产沙规律。一般地表产流主要有蓄满产流和超渗产流两种产流模式[32,33],在以往的研究中,薄层紫色土坡地地表径流的产生有的来自蓄满产流[34],也有的来自超渗产流[35]。雨滴对坡面的击溅以及径流对坡面的冲刷使得表层土壤发生侵蚀剥离,而后侵蚀泥沙随地表径流路径发生输移流失。

  傅涛[36]在研究紫色土坡面水土流失机理时发现,在大多数情况下坡面地表径流迟于壤中流发生。Jia 等[35]通过径流小区模拟降雨试验观察到,壤中流过程呈现出流速递增至峰值而后衰减的趋势,相比之下,地表径流流速则快速增大而后趋于稳定,但壤中流产流却迟于地表产流。汪涛等[37]通过长期的野外小区观测,发现天然降雨下地表产流强度变化过程呈现多个峰值,而壤中流过程则只呈现出单个峰值,其研究还表明地表径流和壤中流的径流量主要受降雨量的影响,而与降雨强度相关性不大。徐勤学等[38]研究表明紫色土坡耕地壤中流产流量明显小于紫色土荒坡地的壤中流流量,并指出荒坡地壤中流过程的差异与地表的紧实程度有关。黄丽等[39]在研究泥沙对养分的携带流失时,发现紫色土流失的泥沙颗粒以黏粒和微团聚体为主。罗专溪等[40]利用室内土槽装置进行人工降雨试验,研究紫色土坡面的泥沙流失特征,结果表明泥沙流失量在降雨过程中呈现平稳增大的趋势,前期流失速率大于降雨后期的流失速率。丁文峰等[41]通过不同地表坡度和降雨条件下紫色土壤中流对土壤侵蚀的影响研究,发现土壤侵蚀不仅受到地表径流的影响,壤中流还会带走土壤细颗粒物质使得土体沿临界面发生滑动。秦川等[42]在研究紫色土地区土壤初始含水量对地表径流的影响时,指出较大的土壤初始含量会加速坡面径流的发生并加大地表泥沙流失。Zhu 等[43]研究了降雨和坡度对紫色土泥沙流失的作用,结果表明坡面流失的泥沙不受降雨影响但是与地表径流量呈正相关。顾儒馨等[44]利用室内土槽进行模拟降雨实验,研究裸露坡地的产流和产沙特征,结果表明在裸地处理中累积流失泥沙量与累积地表径流量之间表现出线性相关性,而在纱网处理中则表现为幂函数关系。李静苑等[45]根据多年小区观测发现,整地可以有效减少紫色土区坡面的产流量和产沙量。刘纪根等[46]研究表明植被覆盖能有效减弱紫色土坡面的产流产沙能力。总体来说,紫色土坡地的产沙与地表产流紧密联系,地表产流要素决定了泥沙流失情况。而壤中流过程中携带的泥沙颗粒可以忽略不计,因此紫色土坡地的泥沙流失主要来源于坡地地表径流的冲刷。此外,紫色土发育的壤中流过程与地表产流过程呈现出完全不同的规律和特征,且壤中流过程特征比地表径流过程特征更为复杂多变,产流过程和规律受到研究尺度的影响。

1.3.2 氮素运移流失特征

1.3.2.1 随地表径流流失

坡地氮素随地表径流发生运移并流失主要通过径流和泥沙携带两种方式进行。氮素随地表径流运移的过程主要与降雨—径流—土壤水在土壤表层的混合层和交换层深度有关[47-49]。随泥沙流失的氮素主要与坡地侵蚀程度[40]以及泥沙颗粒对氮素的吸附作用有关[50]。研究者们起初利用溴化物及其他不被土壤吸附的化学元素作为示踪剂对坡面径流携带的溶质流失过程进行试验[51-54],研究表明由地表径流携带而运移流失的溶质浓度呈现出指数型下降趋势。Tao 等[55]研究了氨态氮(NH_4^+-N)和硝态氮(NO_3^--N)随地表运移流失规律,结果表明氮流失速率在降雨初期迅速增长至峰值后呈现出指数型下降趋势。Wu 等[56]在研究裸露黄土坡地地表氮素流失特征时也得到类似的结论。相比之下,张小娜等[57]利用室内模拟降雨试验,研究表明 NH_4^+-N 浓度呈现出显著的递减趋势,而随地表径流流失的 NO_3^--N 浓度则未表现出规律性的变化。Armstrong 等[58]研究表明,地表径流中的硝态氮与流失泥沙的比值随着径流流量增大呈现指数型下降趋势,但是总氮(TN)流失的规律性相较于硝态氮差一些。Bachmann[59]通过对挪威以农业为主的小流域长期氮流失的观测,研究表明随地表径流流失的氮素流失量与径流量呈正相关关系。罗专溪等[40]研究了泥沙养分流失和泥沙流失的特征,结果表明全氮流失量的累积过程和泥沙流失量累积过程一致且流失泥沙中全氮的富集比随泥沙流失量增大而减小。赵宇等[10]利用人工模拟降雨试验研究了紫色土坡面的养分流失规律,结果表明流失泥沙和地表径流携带的氮素都随时间变化呈现幂函数的变化趋势。Liu 等[60]在研究不同地膜覆盖对坡耕地地表产流和养分流失的影响时,发现总氮和泥沙流失量都与径流量呈线性相关。顾馨儒等[44]在利用室内土槽进行模拟降雨试验研究裸露坡地的氮素流失特征时,发现由地表产流携带的氮素流失浓度随时间呈现出先减小后不变的变化规律。相比之下,Kleinman 等[61]在研究降雨和水文过程对地表径流携带养分流失的影响时,则发现氮素浓度在地表径流过程中几乎保持不变,而流失磷素浓度却呈现出下降的趋势。Zheng 等[62]利用回填土土槽在渗流条件下观测到地表径流中的 $NO_3^- - N$ 浓度随时间增大的趋势。总体来看,地表径流与地表氮素流失浓度呈负相关,但是与氮素流失总量呈正相关。地表泥沙的流失主要影响了土壤颗粒吸附态的氮素流失量,对于水质氮素的流失浓度和负荷影响可忽略不计。受到土壤初始含水量、氮素含量、降雨、土壤质地和施肥等因素的影响,通过地表径流流失的氮素浓度值和负荷值表现出研究区域上时间和空间的差异性。因此,各研究所呈现出的具体相关关系也有所不同。同样,由壤中流携带的氮素流失也表现出极强的时空差异。

1.3.2.2 随壤中流运移流失

壤中流的产流过程复杂多变,氮素随土壤水在土体运移过程中发生的消退、挥发、吸附、矿化、硝化和反硝化等一系列的化学物理变化[63,64],使得壤中流携带氮素流失的过程更为复杂。伴随着降雨入渗,土壤表层施用的氮素养分及土壤中分布的氮素在土壤水的驱动下发生运移,到达相对不透水层后,饱和土壤水沿相对不透水层发生流动直至流出土壤断面。因此,氮素随壤中流发生运移流失的过程包括随土壤中水的运移和沿相对不透水层界面侧向流动产生出流的两个主要部分。

溶质在土壤中的运移主要受到对流、扩散和水动力弥散三种方式的作用,其中对流来自力学作用,扩散是质点热运动作用的结果,而水动力弥散则是微观的土壤水流速变化带来的质点机械弥散[65]。目前,国内外对于溶质在土壤中运移的试验研究主要通过对土壤剖面定点取样,起初是通过土钻等工具采取土样,逐渐地负压陶瓷头开始应用于土壤水溶液的采取中,通过对收集的土壤水溶液中养分含量的测定来研究土壤水运移下的溶质运移和分布特征。Veizaga 等[66]以 Cl^- 为示踪剂并利用埋深在不同土壤深度处的陶瓷头吸力计对土壤溶液采集并分析,结果表明 Cl^- 在土壤剖面上具备随土壤深度增大而浓度增大的分布特征,且大的降雨量促使 Cl^- 在土壤中向下运移。在结论中,Veizaga 等[66]还提到他们在自然降雨下的研究结果有悖于近些年其他研究结果,后者表明土壤中溶质浓度随时间和土壤深度增长而呈下降趋势。Laine-Kaulio 等[67]同样以氯元素为示踪剂利用山坡实测数据和数值模拟结果,发现氯元素在坡地中的传输一方面由优先流向基质流运移,另一方面向土壤孔隙中扩散。Kahl 等[68]研究表明农药在坡地中的传输以垂直方向上的运移为主,沿坡度方向的侧向运移可以忽略。然而 Logsdon 等[69]在研究中表明溴化物在地下土壤中横向输送到坡下 6 m 处,大部分侧向输送发生在非饱和带内。曹红霞[70]研究灌溉制度影响下的土壤溶质运移规律,结果表明在土壤中 Br^- 和 NO_3^- 的运移规律具有良好的一致性,且灌水频率降低、灌水量增大都会引起土壤中 Br^- 和 NO_3^- 的浓度峰缓慢减小。

经过在土壤中的运移,氮素被壤中流携带而发生流失。近年来,研究者们提到壤中流携带流失的污染物占据了一定的比重,尤其以氮素流失最为严重[71]。目前对于壤中流携带氮素流失的研究着重于观察流失氮素的平均浓度和总流失量。因上述壤中流产流特征和方式,对于流域断面还无法完成单独的壤中流收集工作,目前主要通过在室内土槽或径流小区中设置壤中流收集口进行壤中流产流收集并进行养分含量的测定与分析。Melland 等[72]对澳大利亚坡地牧场的地表及地下氮磷流失特征进行研究,结果表明地下径流是氮素的主要流失途径且土壤溶液中的氮素浓度决定了氮素的流失负荷。Wang 等[73]利用室内土槽进行降雨试验,研究硝态氮通过地表和地下流失的特征,结果表明在施肥后进行降雨的地下产流期间,通过地下径流流失的硝态氮浓度呈现出峰值的动态变化,且降雨试验后土壤颗粒中的 NO_3^--N 含量占施肥总量的 50.53%。

整体看来,地下溶质的运移特征和规律具有更强的时空变异性,对不同的初始条件和影响因素,壤中流携带溶质流失过程表现出不同的峰值变化特征。国内外对地下溶质运移和流失的研究并未将溶质在土壤中的运移和通过壤中流而流失两个过程明显区分开来。溶质在土壤中随土壤水的流动或自身的扩散吸附作用而发生运移,研究者们对溶质运移过程偏向于大尺度大区域的坡地试验,而这类试验往往无法获得从坡地流失的溶质浓度及负荷。因此,未来的研究工作中应更好地将坡地地下氮素运移过程和流失过程相结合,以便更好地理解地下氮素运移和流失过程之间的相互联系和作用。

1.3.3 坡地氮素运移流失的影响因素

普遍来看,坡地氮素流失过程主要受到降雨、地形、土壤性质、植被覆盖和肥料施用等因素作用而呈现出不同的时空特征。需要强调的是,坡地地表及地下氮素运移和流失受降雨等影响因子的作用而存在差异,这与地表及地下不同的产流机制以及氮素在土壤中发生的物理化学反应等有关。

1.3.3.1 降雨

一方面,降雨对坡面的击溅和冲刷加剧了坡地地表的氮素流失过程。另一方面,降雨入渗带来土壤水分的运移,同时引起氮素在土壤中的运移。径流过程对氮素的运移流失有极为明显的作用。降雨对于中国山丘地区来说是一个极为敏感的气候因子,而降雨强度、降雨持续时间和降雨量是研究中主要考量的三个降雨指标[56,74-76]。我国紫色土丘陵区一带的降雨特征主要表现为降雨强度大而持续时间短。氮素流失量主要受降雨量影响[77],而流失浓度及速率主要受降雨强度影响[78]。Qian 等[79]根据不同降雨强度下紫色土坡耕地的产沙量的实测值,利用统计方法回归得到产沙量与降雨强度之间呈正相关的线性关系。降雨导致的泥沙流失同时也伴随着养分的流失。张小娜等[57]研究表明坡面氮素流失浓度下降的趋势随雨强增大而加强。薛鹏程等[80]利用人工模拟降雨设置 20 mm/h、40 mm/h 和 60 mm/h 的降雨强度研究农田氮素随径流流失的特征,结果表明氮素流失量与降雨量呈显著正相关,流失速率则与降雨强度呈正相关关系。Ding 等[7]研究表明较强降雨增大了紫色土坡面总氮流失量但却降低了流失浓度。Zhu 等[81]利用径流小区的定位观测,分析土壤剖面累积硝酸盐的动态变化过程,指出三峡库区紫色土坡耕地硝酸盐在旱季积累而在雨季发生淋失。汪涛等[37]通过室内模拟试验研究表明,紫色土坡耕地的地表产流和壤中流产流都与降雨量有较显著的相关性,但是与降雨强度的相关性不显著。Xie 等[25]研究了不同降雨强度对紫色土坡地土壤剖面氮素的运移和分布的影响,结果表明:雨强越大,土壤剖面氮素沿着坡度方向运移越快。Pot 等[82]利用室内土柱实验确认优先流通道极易在大雨强下产生,进而加大溶质穿透速率。Fumi Sugita 和 Kazuro Nakane[83]研究了相同降雨历时的不同降雨强度下硝态氮在多孔介质下的淋失特征,结果表明在最大 26 mm 降雨量下硝态氮通过优先流和基质流的方式发生流失。Kahl 等[68]在研究泰国北部坡地土壤中侧向流及农药的运移时却表明侧向运移的污染物可以忽略不计,但坡脚处的壤中流却是坡中部位置的七倍多。通过人工模拟降雨实验设置不同大小的雨强(0.6 mm/min、1.1 mm/min、1.6 mm/min、2.12 mm/min、2.54 mm/min),丁文峰等[84]提出了紫色土坡地的氮流失比例在临界雨强 2.1 mm/min 下最高。对于紫色土坡地,赵宇等[10]还研究指出降雨历时对产流过程的影响也相应地带来径流总氮运移流失浓度的变化。

综上所述,已有的降雨对坡地氮素流失的研究,更为广泛地采用降雨强度作为降雨因子的代表,来探讨降雨因素对坡地中氮素流失的作用。无论是在模拟降雨试验或者田间自然降雨试验中,降雨强度指标较为容易确定,而且降雨强度在一定程度上影响着降雨量的大小,还能暗示降雨动能的大小。因此,采用降雨强度作为降雨因子的指标来探讨降雨对紫色土坡地氮素流失的影响则更具有说服力。

1.3.3.2 地形

对于特定土壤质地的坡地来说,包括坡度和坡长在内的地形因子是影响坡地氮素运移流失的另一个重要因素。坡度对坡面水流速度有着显著的影响,坡度越大,坡向势能越大。坡度在影响地表产流产沙过程的同时,削弱降雨下渗,影响地表及地下径流的产流过程,从而对氮素的运移流失造成一定的影响。坡长主要通过对氮素运移过程中的吸附转换过程的作用来影响氮素流失过程。邬燕虹等[85]选定不同坡长的红壤坡面进行室内降雨试验,结果表明:坡长越大,坡面的氮流失量越大。相比之下,Xing 等[86]通过径流小区试验得出,坡长与坡面总氮流失速率呈负相关,但与坡面产沙及泥沙携带总氮流失量呈正相关关系。而对于地下径流,Dusek 等[21]指出,短的坡长会促使地下径流产流,从而促进氮素通过地下径流发生流失。紫色土广泛分布在丘陵地带,地形起伏变化较大,在先前的研究中,研究者们所选取的研究坡度因其研究流域所处的地形特征而大为不同,但总体都在 5°~30°的范围之内[35,84,87,88]。霍洪江等[89]在研究三种不同坡度(7°,10°,18°)下紫色土坡耕地的氮素流失特征时表明,坡度对氮素流失通量影响显著,坡面氮素流失程度随坡度增大而增大。Ding 等[7]利用室内土槽试验也观察到相似规律。丁文峰等[84]通过室内模拟降雨试验,得到壤中流随坡度的增大而呈现出先增大后减小的规律,并且指出 10°是坡度临界值,地表径流、壤中流和泥沙总氮流失量随坡度呈现出大致的先增大后减小的趋势。但是他们的研究均表明坡度对径流中养分的浓度没有显著性影响。汪涛等[37]也通过人工模拟降雨实验表明,坡度较大使得紫色土坡地地表径流增大,但同时也限制了壤中流产流,这和丁文峰的研究结果相一致。李其林等[90]则选取野外 5°、15°和 25°三种坡度的紫色土径流实验小区,实验结果显示 15°坡度下氮流失量较高。坡度和坡长作为坡地的地形属性,室内土槽模拟试验和野外小区试验结果不可避免地会存在差异,试验尺度应作为影响因素考虑在内。

在以往的研究中,坡度作为地形要素的研究较坡长更多。坡度对地表氮素流失的影响作用主要来源于坡度所造成的地表径流流量大小及冲刷能力,研究结论趋向于坡度越大地表氮素流失越强。而坡度对壤中径流携带氮素流失过程的作用在已有的研究中未表现出一致性的普遍规律。因此坡度对壤中氮素流失的影响还需要更多的试验数据论证,地表和地下氮素流失所受到的地形坡度的影响也需要进行更多的联系和比较。

1.3.3.3 植被耕作

植被及作物能有效地拦截地表径流和减少土壤侵蚀,从而对坡地地表养分流失起到抑制作用。耕作措施对坡面养分流失的拦截作用表现为植被的地表覆盖。在三峡库区各个流域,主要以玉米、茶叶、小麦和柑橘等为主要作物,不同植物篱基部枝叶对径流的阻滞效果存在一定差异,并且对坡地地下养分起到不同的涵养作用。栾好安等[91]在三峡库区径流小区橘园种植光叶苕子、白三叶和鼠茅草发现,橘园种植绿肥能够有效减少养分流失量,其中鼠茅草的效果尤为显著。苟桃吉等[92]研究了三种不同类型的牧草覆盖对三峡库区坡地地表氮磷流失的作用,结果表明牧草覆盖能有效地拦截地表径流及减少养分流失,同黑麦草和甜高粱相比,墨西哥玉米草对坡地地表氮素流失的阻碍作用最强。除此以外,不同的土地利用方式对于坡耕地来说保土蓄水的作用也不尽相同。其中,横坡垄作是较为常规的耕作方式。徐畅等[93]研究表明,水土保持耕作措施下氮磷流失量要小于常规的顺坡耕作方式,其中免耕结合横坡垄作和常规顺坡耕作结合植物篱对于氮磷流失的拦截作用尤为突出。氮磷流失还与土壤中氮磷含量、施肥量以及土地利用方式有关,单一的耕作措施并不能有效地控制氮磷流失[94]。陶春[15]在研究耕作措施对三峡库区坡地氮素流失的作用时发现,合理地采用水土保持耕作措施能够较为有效地减少紫色土坡地氮素流失,并且在整个雨季中植物篱最好地抑制了氮素流失,流失量仅为一般流失量的 33.84%。不同方式的耕作措施对紫色土坡耕地养分流失的控制协调作用需要因地制宜并进行综合管理,科学家们也致力于探究生态耕作措施对于紫色土坡耕地养分流失的缓解机制[87,94]。

国内有关植被耕作对紫色土坡地养分流失的作用研究主要集中在地表养分流失方面,还未涉及壤中氮素的运移和地下流失所受的影响。Hulugalle 等[95]对土壤碱度较低的四种棉花灌溉种植系统中土壤蓄水、排水和淋溶特征的研究表明,无法获得作物耕作对土壤中盐和养分影响的明确结论。Nachimuthu 等[96]通过对澳大利亚农场的耕作和轮作的长期试验,对与深层排水有关的 C、N 淋溶进行了三年的研究,结果表明玉米渗滤液中 NO_X-N 浓度比棉花系统低 73%。玉米与棉花轮作可以提高棉花产量,并有效地减少地下的氮素淋失量。由此可见,未来我们需要将植被耕作纳入紫色土坡耕地地下氮素流失的研究中。

1.3.3.4 施肥管理

在以往的研究中,土壤初始溶质浓度及分布对坡地氮素流失作用的研究还较为缺乏,研究者们更倾向于探究不同的施肥方式带来的养分流失规律[97-100]。不同的施肥量以及施肥方式会使得坡地在降雨前具备不同的土壤初始养分含量和分布,从而带来坡地养分流失的差异。Melland 等[72]研究表明氮素主要通过地下水流发生流失,而不同施肥处理方式之间的地下水流流量没有显著差异,因此土壤溶液中分布的氮素浓度决定了氮素的流失负荷。Chilundo 等[101]通过研究施肥管理对氮素在土壤中的分布的影响,表明速溶肥产生的硝态氮在土壤底部中分布较多,而缓释肥产生的硝态氮则在土壤上部聚集分布。林超文等[102]利用径流小区,探究施肥方式对紫色土地表及地下养分流失的影响,结果表明高氮施肥会增强氮素流失,后续研究也表明一次性施肥使得氮浓度增大从而加大了流失量[103]。王云等[104]对红壤坡地氮磷流失特征的研究也表明施肥量与氮磷流失量呈正比,且施肥对径流中氮浓度变化有极大影响。汪涛等[105]根据 12 种不同的施肥制度下紫色土区域氮素运移流失的特征表明,平衡施肥如农肥配施化肥相比于不施肥使得径流中的总氮减少了 69%。Smith 等[106]曾在研究中指出,施肥和降雨之间的时间间隔决定了养分流失的程度,田间试验中猪粪施肥与降雨事件之间的时间间隔越长,氮磷通过地表径流流失的风险越小。同样,Everaert 等[107]利用人工模拟降雨试验得到相似的结论:施肥和降雨时间间隔越短,就越容易造成坡面地表径流中的养分流失。Bouraima 等[108]研究在紫色土坡耕地上施用不同的肥量对坡面氮素流失的作用,结果表明:与不施肥的空白处理比较,化肥和有机肥组合处理可使地表总氮流失减少 41.2%,最佳的施肥量能够最有效地保持坡耕地的氮素减少流失。Ke 等[109]在平原耕地土壤中对比了表面播肥和在土壤深处埋肥对氮素淋失的作用,结果表明:深度施肥会增加氮素的地下流失,但也减少了氮素通过地表流失。Yao 等[110]则在田间试验中发现尿素深施可以使得土壤中氨氮含量在作物生长初期维持较高的含量分布,并且能够延长氮素在土壤中的有效性长达两个月。

以上的研究主要集中讨论施肥量、施肥时间、肥料类型和施肥方法等具体的施肥措施对坡地氮素迁移和流失的影响,且重点研究了坡面地表径流养分流失与施肥管理的关系。对于坡地壤中氮素运移和流失受施肥措施影响的研究还较为缺乏。然而,无论是施肥量、施肥时间、肥料种类还是施肥方法最终都将表现为养分在坡地中的含量和分布情况。因此,在往后的研究中应更加注重土壤氮素含量和分布情况对紫色土坡地的氮素流失的作用及影响。

1.3.4 各形态氮素的流失方式及比重

对各种形式的氮磷流失最直接的表示是质量浓度,包括泥沙中的养分浓度以及径流中的养分质量浓度,这也是计算养分流失量的基础。就氮素种类来看,总氮(TN)包括有机氮和无机氮两部分,其中有机氮是指与碳结合的含氮物质,而无机氮则是未与碳结合的含氮物质,主要包括氨氮(NH_4^+-N)、硝态氮(NO_3^--N)和亚硝态氮。在坡地流失的氮素中,铵态氮、硝态氮和总氮则是研究的重点。对随径流和泥沙流失的氮素主要以流失浓度和负荷为评价指标,而在土壤中运移的氮素则主要通过浓度的形式表现[111]。罗春燕等[71]利用野外径流小区试验研究表明氮素主要通过地下径流发生流失,达到了氮素总流失量的96.5%。汪涛等[112]在研究紫色土坡耕地硝酸盐流失特征时表明,壤中流过程的硝酸盐淋失达到了当季施肥量的22.34%,而地表径流造成的淋失负荷只占到了0.62%。Melland等[72]在不同的研究区域也提出过相似的结论。与之相反,丁文峰等[84]利用室内土槽的模拟降雨试验观察到氮素通过地表泥沙流失达到了总流失荷载的49.59%~88.68%。夏立忠等[87]根据野外紫色土坡耕地试验研究表明,在生态耕作措施下,泥沙氮素流失量仍达到了坡面氮素流失总量的43%~51%。朱波等[113]指出在紫色土丘陵小流域,泥沙运移的氮占42.8%,而径流运移的氮占57.2%。Kleinman等[61]关于地表养分流失的研究表明,径流中的氮素主要以NO_3-N的形式存在,并且径流量大小与氮素流失量成正比,与流失浓度成反比。Zhao等[114]研究表明NH_4^+-N主要通过地表径流发生流失,而NO_3^--N则主要通过地下径流发生流失。同样地,Jia等[35]在研究水文特征对紫色土坡耕地硝态氮的流失作用时发现,NO_3^--N主要通过壤中流的方式而发生流失，在施肥措施下壤中流的 $NO_3^- -N$ 浓度是地表径流的 20 倍之多，其流失负荷占总流失负荷的 90% 以上。Zhou 等[115]因为 $NO_3^- -N$ 在紫色土区为主要淋失形态，研究了 $NO_3^- -N$ 的淋失与土壤氧化亚氮的排放之间的关系。

朱波等[113,116]在研究中用淋失负荷来说明坡耕地氮素的迁移量和流失量，这与其他研究学者提出的流失通量[93]在本质上是相同的，这些可以统统归结为养分流失量，主要表征的是单位面积上的氮素迁移和流失的质量。紫色土坡耕地养分流失的表征总体上分为质量浓度指标和流失量指标两大类。其中，大多数研究着重于氮素流失荷载量的比较，对于地下径流携带氮素流失浓度的动态过程的研究还较为缺乏。按照通量的最原始的定义，我们应该把时间参数考虑在养分流失通量中，从而探究养分流失过程的动态变化特征。未来将氮素流失运移过程的时空特性融合为一个完整的体系还需要我们进一步的研究。

1.4　坡地氮素运移流失模型综述

目前，坡地氮素运移流失模型主要包括溶质向地表径流中运移而流失、溶质在土壤内迁移发生地下流失两个部分。地表径流携带氮素流失过程的数值模拟以混合深度模型为主要代表，得到较为广泛的关注和应用。溶质在土壤内运移的模型模块则主要以传统的对流弥散方程为主要研究手段，基于对流弥散方程而衍生的一系列的单区和双域模型取得了较好的模拟应用效果。因此，地下氮素流失的数值模拟借助其在土壤中运移过程的模拟，通过设置流失断面来获得地下流失氮素的数值模拟结果。

1.4.1　坡地氮素向地表径流运移流失的数学模型

在氮素随地表径流流失的数值模拟中，基于有效混合深度（EDI）和地表径流相互作用的理论研究较为成熟完整[47,52,55,117-120]。有效混合深度是指在土壤表层一定深度的土壤内降雨、径流和溶质均匀混合分布[121]。Ahuja 等[122]将 ^{32}P 作为示踪元素分别放置于土柱的土壤表面及土壤垂直方向每 5 cm 间隔的深度处，结果表明在自由排水和饱和水条件下，降雨和径流在土壤内的相互作用在土壤表面处最大,且随土壤深度增加而急速减弱。随后Ahuja[123]又利用无吸附性的Br离子去验证有效混合深度的概念,结果表明Br在地表径流和入渗水中发生运移流失。因此,Ahuja[51]根据有效混合深度的概念构建了坡面溶质运移的有效混合深度模型(图1.1)。

王全九和王辉[124]在此混合深度模型的基础上,基于Philip入渗公式[125]的产流模型,得到了适合黄土坡面短历时产流的不完全混合模型:

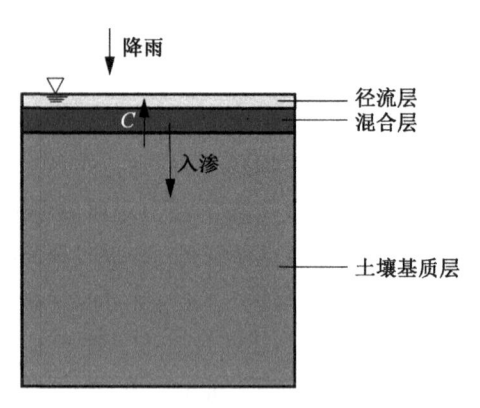

注:C为溶质浓度(mg/L)。

图1.1 地表径流携带养分流失的混合深度模型概念图

$$bc(t) = bc_0 \exp\left[-\frac{(a-b)S(t-t_m)^{0.5} + btR - at_pR}{h_m(\theta_s + \rho_s k_l)}\right] \quad (1.1)$$

式中,$c(t)$表示t时刻的溶质流失浓度;a、b分别为入渗水和地表径流中的溶质浓度与混合深度层内溶质浓度的比值;t_p为地表产流时刻(min);c_0为有效混合深度层内溶质浓度(mg/L);R为降雨强度(cm/min);S为吸湿率,$t_m = \frac{S^2}{4R^2}$;h_m为有效混合深度(mm);θ_s为饱和含水率;ρ_s为土壤容重(g/cm³);k_l为等温吸附系数(cm³/g)。

Dong等[126]用可变的土壤剥离参数[127]代替交换速率从而改进了对流等效模型(1.3),对黄土坡面K元素随地表径流的运移过程取得了较好的模拟结果。Yang等[52]根据式(1.1)和式(1.2)对降雨条件下黄土坡面的钾元素运移过程模拟结果进行了对比分析,结果表明以上模型都能较好地模拟地表溶质流失量,而对流等效模型能更好地模拟黄土坡面的溶质流失动态过程。

$$c(t) = \frac{AR\theta C_0 H_0}{r(t)(Rt_p + \rho_s\theta_0 H_0)} t^B \quad (1.2)$$

式中,A、B分别为土壤剥离度(g/cm)和指数参数;θ为土壤含水量(cm³/

cm^3);C_0 为土壤表层内溶质含量(g/g);θ_0 为土壤初始含水量(cm^3/cm^3);r 为地表径流流量(L);H_0 为交换层深度(cm);ρ_s、R 含义同式(1.1)。

Liang[128]等利用坡面径流动与不动区的概念构建了坡面径流和溶质运移的物理平衡和非平衡模型,其中包括均匀流和运移模型[式(1.3)]、水平方向的动与不动模型[式(1.4)]、垂直方向的动与不动模型[式(1.5)]、主动被动区模型[式(1.6)]、水平动不动与主被动结合模型[式(1.7)]和垂直动不动与主被动结合模型[式(1.8)]共六种模型,通过对流弥散方程对其进行求解计算。

$$C = hc \tag{1.3}$$

$$C = w_{mo} h_{mo} c_{mo} + (1-w_{mo}) c_{im} h_{im} \tag{1.4}$$

$$C = h_{mo} c_{mo} + h_{im} c_{im} \tag{1.5}$$

$$C = w_A h_1 c_1 + (1-w_A) h_2 c_2 \tag{1.6}$$

$$C = w_A [w_{1mo} h_{1mo} c_{1mo} + (1-w_{1mo}) h_{1im} c_{1im}] + \\ (1-w_A) [w_{2mo} h_{2mo} c_{2mo} + (1-w_{2mo}) h_{2im} c_{2im}] \tag{1.7}$$

$$C = w_A (h_{1m} c_{1m} + h_{1im} c_{1im}) + (1-w_A)(h_{2m} c_{2m} + h_{2im} c_{2im}) \tag{1.8}$$

以上各式中,C 为径流中总的溶质含量(mg/L);h 为地表径流水深度(cm);c 为地表径流中溶质浓度(mg/L);h_{mo}、h_{im} 分别为动区和不动区的地表水深度(cm);h_1、h_2 分别为被动和主动区的地表水深度(cm);w_A 为反应区所占比重(%);w_{mo} 为动区所占比重(%),下标 im 代表不动区,mo 代表动区,1 代表被动区,2 代表主动区。

除了以上的理论模型,Wallach[129,130]也提出过一些土壤养分溶质在地表径流中传输的经验模型。

$$C(t) = \frac{c_0^a}{1+W} [\exp(WT) \operatorname{erfc}(\overline{WT}) - \exp(-T) + 2\overline{W\pi}/\exp(\overline{T})] \tag{1.9}$$

式中,$C(t)$ 为 t 时刻流出坡面断面处的地表径流中的溶质浓度(mg/L);c_0 为土壤地表溶液中的溶质浓度(mg/L);$T = \dfrac{R}{H}$,其中,R 为降雨强度

(cm/min)，H 为地表径流水深度(cm)；$a = \dfrac{K_e}{R}$，其中，K_e 为土壤颗粒的分散系数(cm/min)；$W = \dfrac{K_e^2 H}{R D_e}$，其中，$D_e$ 为养分扩散系数(cm^2/min)。

1.4.2 坡地氮素随壤中流运移流失的数学模型

氮素随壤中流运移流失的数值模拟主要涉及氮素在土壤中的运移和随坡底壤中流流失两个过程。针对土壤水及溶质传输的物理非平衡模型主要有动不动两区模型、双孔隙模型、双入渗模型以及双孔隙双入渗模型[131]（图1.2和1.3）。其中，平衡模型的水和溶质运移分别由理查德方程（Richards equation）和传统的对流弥散方程（Advection-dispersion equation）进行描述求解。而动不动两区模型则假设水在土壤孔隙中的运移瞬时不变，但溶质则通过分子扩散在动与不动区之间传输。该非平衡模型中水处于平衡运移而溶质则处于非平衡运移状态。在该两区模型上进行扩展，鉴于不动区在干燥和湿润过程中可以脱水和再吸湿，因此假设水及溶质均能在动与不动两区之间传输。该模型中，水及溶质均为非平衡运移，并且溶质在动不动两区间的传输不仅仅依靠分子扩散进行，来自非平衡传输水的对流作用也是该模型中溶质运移的另一个主要动力。双入渗模型则解决了土壤颗粒内部水的传输问题，在该模型中水和溶质能在土壤颗粒间直接发生交换传输。而该模型假设土壤颗粒内部存在分子扩散对溶质的传输作用，得到修正后的双入渗两区模型。

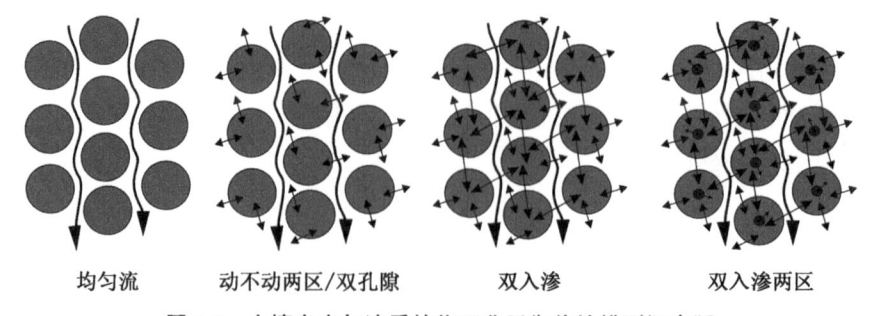

图1.2 土壤中水与溶质的物理非平衡传输模型概念图

在HYDRUS-1D中，主要考虑了图1.4中的化学非平衡模型。其中，最简单的一阶动力吸附模型假设溶质吸附是一种动力学过程。而在此基础上，

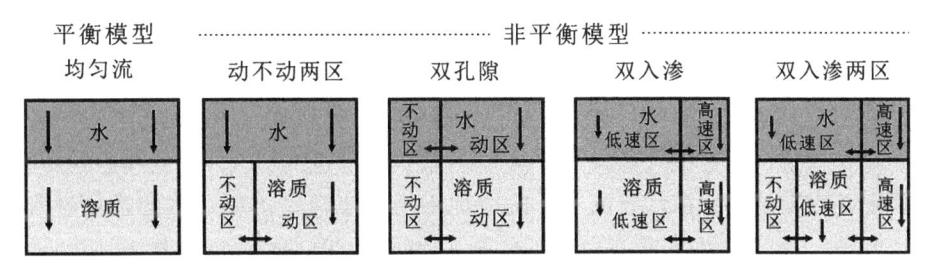

图 1.3　土壤水及溶质运移的物理平衡与非平衡传输模型示意图

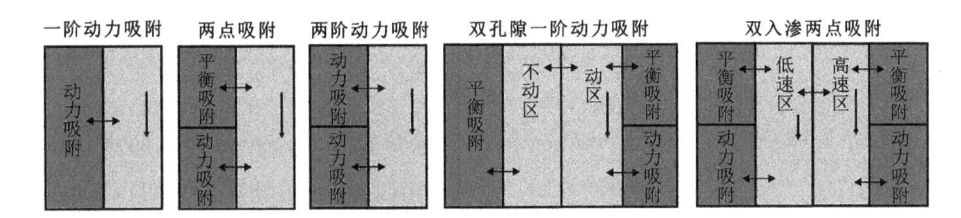

图 1.4　溶质运移的化学非平衡模型结构示意图

将吸附区域分为平衡吸附和动力吸附两个部分,得到两点吸附模型,其中平衡吸附区的溶质吸附为瞬时吸附,而动力吸附则作为第二吸附过程。当平衡吸附呈现出动力学特征,两点吸附模型就转化成两阶动力吸附模型。在两阶吸附模型中,当其中一个动力吸附速率高速呈瞬时吸附,则两阶动力吸附转变成两点吸附;当两个动力吸附速率相等时,则两阶动力吸附转变成一阶动力吸附;当两个动力吸附速率均高速呈瞬时吸附时,则化学非平衡模型变为化学平衡模型。与物理非平衡模型类似,化学非平衡模型主要有双孔隙一阶动力吸附模型和双入渗两点吸附模型。前者假设在不动区的化学吸附为瞬时吸附,而动区则由平衡吸附和动力吸附两部分组成。后者假设基质(低速)区和孔隙(高速)区均由平衡吸附和动力吸附两部分构成。

通常,溶质在土壤中运移的数学模型主要包括物理—化学平衡传输[式(1.10)]、化学非平衡传输[式(1.11)]、物理非平衡传输[式(1.12)]以及物理—化学非平衡传输[式(1.13)]四种模式[82]。其中,物理—化学平衡传输基于传统的对流弥散方程建立,化学非平衡主要为两点吸附模型,物理非平衡模型主要包括两区模型和双入渗模型,而物理—化学非平衡传输模型则耦合了双渗透模型和两点吸附模型。Kohne 等[132]结合土柱试验和以上溶质运移模型进行溶质在土壤中运移的研究,结果表明在变饱和流的条件下,不同溶质穿透曲线特征都表明了优先流的存在,且不同的模型对溶质不同的拟合效果说明溶质在土壤中受到不同的吸附、消解和扩散作用。Laine-Kaulio 等[67,133]根据双重入渗模型[134]对森林坡地地下侧向流和溶质运移进行模拟,结果证明了该模型在优先流主导的坡地中模拟水流及溶质运移的适用性和必要性。Dusek 等[21,135-137]根据双重入渗方法[138]和扩散波模型[139][式(1.14)]分别对坡地中横向流的运移和溶质流失进行数值模拟并耦合,得到了模拟坡地浅层地下径流中溶质流失的数学模型。

$$\theta\gamma\frac{\partial c}{\partial t}=\theta D\frac{\partial^2 c}{\partial z^2}-q\frac{\partial c}{\partial z}-\mu_w\theta c \tag{1.10}$$

式中,θ 为体积含水量(cm^3/cm^3);D 为扩散系数(cm^2/s);q 为达西水通量(cm/s);μ_w 为一阶降解常数(s^{-1});γ 为延滞因子;t、z 分别为时间(s)和空间坐标(cm)。

$$\theta\gamma_e\frac{\partial c}{\partial t}=\theta D\frac{\partial^2 c}{\partial z^2}-q\frac{\partial c}{\partial z}-\mu_w\theta c-\rho\alpha_{ch}\left[(1-f_e)K_d c-S_k\right] \tag{1.11}$$

式中,γ_e 为平衡相延滞因子;ρ 为土壤容重(g/cm^3);f_e 为溶液平衡态交换分数;α_{ch} 为化学非平衡中质量传递速率常数(s^{-1});K_d 为经验分布常数;S_k 为剩余吸附(mg/mg)。

$$\theta_{mo}\gamma_{mo}\frac{\partial c_{mo}}{\partial t}=\theta_{mo}D_{mo}\frac{\partial^2 c_{mo}}{\partial z^2}-q\frac{\partial c_{mo}}{\partial z}-\mu_w\theta_{mo}c_{mo}-\alpha_{ph}(c_{mo}-c_{im})$$

$$\tag{1.12a}$$

式中,下标 mo 代表两区模型中的动区,im 则代表不动区;α_{ph} 为物理非平衡中质量传递速率常数(s^{-1})。

$$\theta_{ma}\gamma_{ma}\frac{\partial c_{ma}}{\partial t}=\theta_{ma}D_{ma}\frac{\partial^2 c_{ma}}{\partial z^2}-q_{ma}\frac{\partial c_{ma}}{\partial z}-\mu_w\theta_{ma}c_{ma}+\frac{\Gamma_s}{1-w_f}$$

$$\tag{1.12b}$$

式中,下标 ma 代表基质区域;w_f 为体积加权因子,表示裂缝区域与总体积的比值;Γ_s 为传递速率[$mg/(cm^3\cdot s)$]。

$$\theta_{mo,ma}\gamma_{mo,ma}\frac{\partial c_{mo,ma}}{\partial t}=\theta_{mo,ma}D_{mo,ma}\frac{\partial^2 c_{mo,ma}}{\partial z^2}-q_{ma}\frac{\partial c_{mo,ma}}{\partial z}$$
$$-\mu_w\theta_{mo,ma}c_{mo,ma}+\frac{\Gamma_s}{1-w_f}-\alpha_{ma}(c_{mo,ma}-c_{im,ma})$$
(1.12c)

式中，下标 mo,ma 指的是双重入渗模型中基质区的动区，im,ma 指的是双重入渗模型中基质区的不动区。

$$\theta_{ma}\gamma_{ma}\frac{\partial c_{ma}}{\partial t}=\theta_{ma}D_{ma}\frac{\partial^2 c_{ma}}{\partial z^2}-q_{ma}\frac{\partial c_{ma}}{\partial z}-\mu_w\theta_{ma}c_{ma}$$
$$+\frac{\Gamma_s}{1-w_f}-\rho\alpha_{ch}\left[(1-f_{ma})k_d c_{ma}-S_{kma}\right]$$
(1.13)

$$\frac{\partial n h_D c}{\partial t}+\frac{1}{W}\frac{\partial Qc}{\partial x}-\frac{\partial}{\partial x}\left(n h_D D_D \frac{\partial c}{\partial x}\right)=T \qquad (1.14)$$

式中，n 为有效孔隙率(cm^3/cm^3)；h_D 为横向壤中流的深度(cm)；Q 为横向流流量(cm/s)；W 为坡地宽度(cm)；D_D 为有效水动力扩散系数(cm^2/s)；T 为垂直的溶质补给量[$kg/(cm^2 \cdot s)$]，t，x 分别为时间(L)和空间坐标(cm)。

目前在氮素运移和流失的模拟中，很多水文溶质模拟软件得到了广泛的应用，如 SWAT[140]、HYDRUS[141-143]、LEACHM[144,145]、DNDC[116,146]、WHCNS[147,148]等数值软件，这些数值模拟软件在一定程度上能有助于对溶质迁移流失过程的理解，但各有适用范围及利弊。Laine-Kaulio 和 Koivusalo[133]曾在模拟坡地地下溶质运移时指出，模型对土壤的空间异质性无法明确，而这也是目前所有模型模拟地下水及溶质运移的不足之处。

1.4.3 紫色土坡地氮素运移流失模型的应用

紫色土坡地因为丰富的壤中流过程受到广泛的关注，研究者们在模型应用方面也集中于氮素在土壤中淋失过程的数值模拟。其中，朱波等[116]将基于土壤碳氮循环过程的 DNDC 模型[149]引入紫色土坡地氮素的淋失评估，结果表明该模型在预测紫色土坡地氮素淋失通量时具有较高的可靠性。而后，Deng 等[150]在此基础上结合径流曲线方程和土壤流失通用方程得到了修正的 DNDC 模型，并获得通过地表和地下流失的氮素负荷模拟值，与观测值取得了较好的拟合结果。龙天渝等[151]通过 GeoStudio 软件根据二维水流运动的 Richard 方程及溶质运移的对流弥散方程对回填土槽中的紫色土养分淋失过程进行模拟,与实验值对比取得较好的模拟结果。

然而,由于地表径流携带溶质迁移流失所受到的土壤质地和分类的影响较小,以往的数学模型研究主要集中在黄土坡面地表径流携带养分流失的问题,对紫色土坡地土壤溶质随地表径流迁移的数值模拟研究及应用则较为缺乏。

目前国内外学者对紫色土坡地氮素运移流失的研究主要通过流域断面监测、野外径流小区试验、室内模拟降雨试验和数值模拟进行氮素流失特征的分析,表明降雨和地形坡度是影响紫色土坡地氮素流失的重要因素,揭示了紫色土坡地氮素流失的主要途径和发生机制。根据目前的研究进展,对于紫色土坡地氮素流失的过程及机理需要更进一步的细化和深化,进一步需要研究的内容包括以下方面。

(1) 注重对紫色土坡地氮素随地表径流及壤中流流失浓度的动态过程特征的研究与分析,将养分流失与产流过程紧密联系。

(2) 结合施肥方式考虑氮素在紫色土坡地土壤中的分布对其在土壤中运移转化的时空特性和随径流流失的影响。

(3) 紫色土坡地壤中氮素随侧向壤中流流失到坡下水域和垂直淋失到地下水的特征尚不清晰。

(4) 构建适合紫色土坡地氮素运移流失的数学模型,根据模型对坡地氮素运移和流失过程的时空变化特征进行数值模拟。

(5) 综合试验与数值模拟的紫色土坡地氮素运移流失的规律及各影响因子对氮素流失的作用,尤其是对地下氮素流失的作用,提出控制紫色土坡地氮素流失的有效管理措施。

1.4.4 紫色土坡耕地氮素迁移流失需研究的问题

紫色土坡耕地氮素流失对当地流域及地下水环境安全造成了巨大的威胁,并使得氮肥利用效率降低。除了组合典型的雨强和坡度因素,在试验研究中加入土壤中氮素分布对氮素运移流失的影响研究,可以更加全面地分析坡地氮素通过地表和地下流失的动态过程及各流失比重。除此以外,结合试验结果和数值模拟,着重探讨紫色土坡地氮素运移流失浓度及负荷的时空特性,可以为控制和减弱紫色土坡地的氮素流失提供参考。

具体而言,目前紫色土坡耕地氮素迁移流失需研究的问题有以下几个方面。

(1) 紫色土坡地氮素随地表及地下径流流失浓度的动态变化特征及其与产流过程的联系。分析建立不同降雨和坡度条件下地表径流和壤中流流量与氮素流失浓度和负荷之间的函数关系。

(2) 不同降雨条件、坡度大小以及土壤中氮素分布对紫色土坡地氮素通过地表流失及在土壤中运移发生地下流失的影响。

(3) 紫色土坡地土壤中氮素迁移的时空特征及其与地下氮素流失的联系。综合单场降雨(短历时)和多次间歇性降雨事件(长历时)中土壤孔隙水硝态氮的迁移规律,更好地理解壤中硝态氮流失特征。加入沿坡度方向的壤中氮素分布这一影响因子,利用面板数据回归得到雨强、产流量、产流历时、土壤中沿坡度方向分布的氮素含量等因素对坡地地下氮素流失的影响。

(4) 建立适应紫色土坡地的氮流失模型,分别对氮素在坡地土壤中的运移过程和通过地表及地下流失的浓度随时间的变化规律进行数值模拟。优化有效混合深度模型在紫色土坡面氮素流失中的模拟。以往对地表氮素流失模拟的研究对象大多局限于黄土和红壤,对于紫色土坡面氮素流失进行数值模拟的研究较为缺乏。利用传统有效混合深度模型对紫色土坡地地表氮素流失过程进行数值模拟,在此基础上,将传统的有效混合深度模型中的混合深度定值改进成随时间而增长的混合深度变量,得到本书中的变有效混合深度模型。构建基于HYDRUS-2D的紫色土坡地壤中氮素迁移和流失的数学模型。在数值模拟中,既耦合了氮素运移和地下流失过程,又分别得到运移和流失两个独立过程的模拟结果分析。

(5) 根据模型进行坡地氮素运移和淋失预测以及地下氮素流失的顺坡流失和垂直淋失的对比,从而提出控制紫色土坡地氮素流失的有效管理措施。对紫色土坡地地下硝态氮顺坡度方向的侧向流失和往深层地下水中垂直方向的流失做出区分,并根据构建的模型,评估和对比坡地地下硝态氮侧向和垂直淋失的过程与特征。

第二章 紫色土坡耕地土壤水运移过程及特征

紫色土坡耕地的氮素运移和流失过程离不开土壤水的携带作用,土壤中氮素运移过程复杂多变,而对流作用是土壤中氮素运移的主要驱动力,对流作用直接体现为土壤水流的运动。因此,理解紫色土中土壤水的迁移特征及规律对于探索氮素运移流失规律极为重要。降雨是影响土壤水流运动的主要外在因素。本章主要通过室内模拟降雨试验揭示紫色土坡耕地中土壤水运移的时空特征、地表径流和壤中流流失的动态规律。

2.1 研究材料与方法

2.1.1 研究区概况

研究所涉及的试验均通过回填土土槽和室内模拟降雨装置进行,主要试验材料为供试土样与室内模拟降雨及土槽装置,前期的土样理化性质和后期水样的氮素测定均在化学分析实验室完成。

供试土样取自湖北省三峡库区宜昌市秭归县王家桥小流域紫色土坡耕地表层 0~40 cm 处的土壤。根据该土壤的粒径分布(表 2.1)对其进行分类,在 FAO(联合国粮食及农业组织)分类系统中为粗骨土,按中国土壤分类法为新成土,按美国制土壤质地分类标准属壤土。在流域坡耕地中,该紫色土土层薄且土壤导水率差,土壤由坡地底部紫色页岩长期风化形成。本研究区王家桥小流域属于亚热带大陆性季风气候,降雨多集中在夏季(6—9月),且大多数情况下降雨呈现短历时大雨强的特征[35]。该区域年均降雨量达到 1 100 mm,年均日照时数为1 300 h,年均蒸发量为800 mm。王家桥小流域内山峦起伏,高低悬殊,坡耕地坡度多在5°～20°范围内变化,且低海拔地区主要种植柑橘果林,而高海拔地区以大豆、玉米、小麦等传统农业作物种植为主[87]。在本研究区王家桥小流域采取新鲜土样后,用卡车将土样运回长江科学院水土保持研究所的降雨大厅外。土样的容重为1.35 g/cm³,渗透系数为0.049 cm/min,有机质含量为11.2 g/kg,土壤pH值为7.8,铵氮含量34.6 mg/kg,硝态氮含量2.9 mg/kg,总氮含量1107 mg/kg;土壤粒径分布为砂粒(＞0.05 mm)54.7%,粉粒(0.002～0.05 mm)40.2%,黏粒(＜0.002 mm)5.1%,按中国制土壤质地分类方法,该供试土样为壤土,普遍代表了流域内分布的紫色土性质。试验开始前对土样进行处理,在大厅外地面将采回的土样铺展开来晾晒。待土样水分晒干后将其过10 mm筛,收集过筛土样并储存在干燥的地方供试验用。

表2.1 供试土样基本理化性质

容重 (g/cm³)	孔隙度 (%)	渗透系数 (cm/min)	有机质 (g/kg)	pH	氮素含量(mg·kg⁻¹)			粒径分布(%)		
					NH_4^+-N	NO_3^--N	TN	＞0.05 mm	0.002～0.05 mm	＜0.002 mm
1.35	49.1	0.049	11.2	7.8	34.58	2.86	1 107	54.72	40.19	5.09

2.1.2 室内试验装置

试验土槽装置为钢铁材质,长2 m,宽0.5 m,深0.5 m。在土槽底部处用水泥砂浆砌筑10 cm厚的弱透水层,用来模拟紫色土坡地的岩石层。在土槽四周内壁铺设100目塑料纱网以防止回填土与土槽边壁分离而产生不利的边界效应,从而影响试验结果。土槽底部设有液压坡度调节装置,用来调节和控制土槽的坡度大小,坡度大小根据土槽侧边安装的标尺读数确定。土槽在坡脚处设置地表径流和壤中流集流V形槽。其中,地表集流槽装接在土壤表面高度处,而壤中流集流槽装接在水泥层和土壤层的交接面高度处,位于地表下方40 cm处。地表径流和壤中流都通过带有刻度的烧杯进行收集。在降雨大厅内垂直距离土槽表面上方9 m处装有固定人工模拟降雨器,降雨均匀度可达到85%。降雨器由终端控制台的电脑进行降雨强度和降雨时间的调节。模拟降雨的水源来自降雨大厅内地下蓄水池中近期的城市自来水,由抽水泵抽取池内蓄水并通过管道从降雨器喷头喷射。降雨器喷头以横纵向间隔50 cm均匀铺设在降雨大厅屋顶下方的水流管道中。模拟降雨喷头以圆锥形的出水形式向下喷射降水,雨滴到达土槽表面时接近竖直下落。在降雨试验正式开始前在土槽表面设多个采样点对土槽安放处上方降雨雨强进行率定,选定各个采样点降雨强度更为接近一致的地方开展试验。

过筛后的土样经称重后分层回填到土槽中。具体步骤是:称重67.5 kg的土样为一层平铺到土槽中,用重物将土样层均匀夯实至5 cm厚,并将每层的土壤表面打毛以防止土层分离。总共装土8层,深40 cm。控制容重为1.35g/cm³。在装土的过程中按照试验需要在土壤不同位置同步埋设土壤含水量监测探头和负压陶瓷头,分别进行土壤含水量的监测和土壤水样的提取。土槽内部共设观测点8个,顺着坡度方向均匀分布观测点4组,在土槽深度方向上布置观测点2层,上层距地表15 cm,由坡脚至坡顶方向分别标记为1、2、3和4,下层距地表35 cm,由坡脚至坡顶方向分别标记为5、6、7和8,每个观测点同时观测土壤含水量和氮素浓度。其中,土壤含水量监测采用基于FDR(Frequency Domain Reflectometry)频域反射法的探头,直接读取观测点的土壤体积含水量,测量误差在5%以内。土壤含水量实时数据在电脑终端显示并保存。负压陶瓷头通过细塑料管与外部集流瓶相连,土壤观测点水溶液在负压真空作用下通过细管流入集流瓶,同时集流装置处配备真空泵使得在抽取土壤水时增强土壤观测点水溶液的出流。

2.2 土壤剖面水分运移规律

为更加全面地探究紫色土坡耕地在降雨条件下土壤水分的运移规律,本小节将降雨后短时期内的土壤水分变化情况和多次降雨下土壤水分长期的持续变化情况作对比分析。

2.2.1 短时期内水分运移规律

针对单次降雨,将每场降雨后大致8 h以内的土壤观测点含水量的变化作为短时期土壤水分运移特征,分析土槽剖面8个不同位置处的观测点的土壤水分变化情况,图2.1为每场降雨事件中短历时(8 h)的土壤观测点含水量变化情况,其中图 2.1(A)降雨强度为 1 mm/min,降雨时间为 2 h;图 2.1(B)降雨强度为 1.5 mm/min,降雨时间为 1.33 h;图 2.1(C)降雨强度为 2.0 mm/min,降雨时间为 1 h。由图可知,各观测点土壤含水量均在降雨结束时刻后出现峰值,而后土壤含水量趋向于减小至稳定值。在各不同降雨条件下,土壤含水量的大小及增长速率在各观测点的规律为观测点 1>2>3>4,即在 40 cm 深的土坡中,位于土壤深度 15 cm 处土壤含水量呈现出向坡脚处递增的趋势,且越靠近坡脚土壤含水量增长越快。因此,可以推测坡地中土壤水从坡上向坡脚处聚集。在土壤深度 35 cm 处,观测点 5、6、7 的含水量较为接近且明显大于观测点 8 的含水量。整体上看,上层土壤层的含水量要大于下层土壤层含水量,且增长也更快,这与降雨在土壤中的入渗有关。

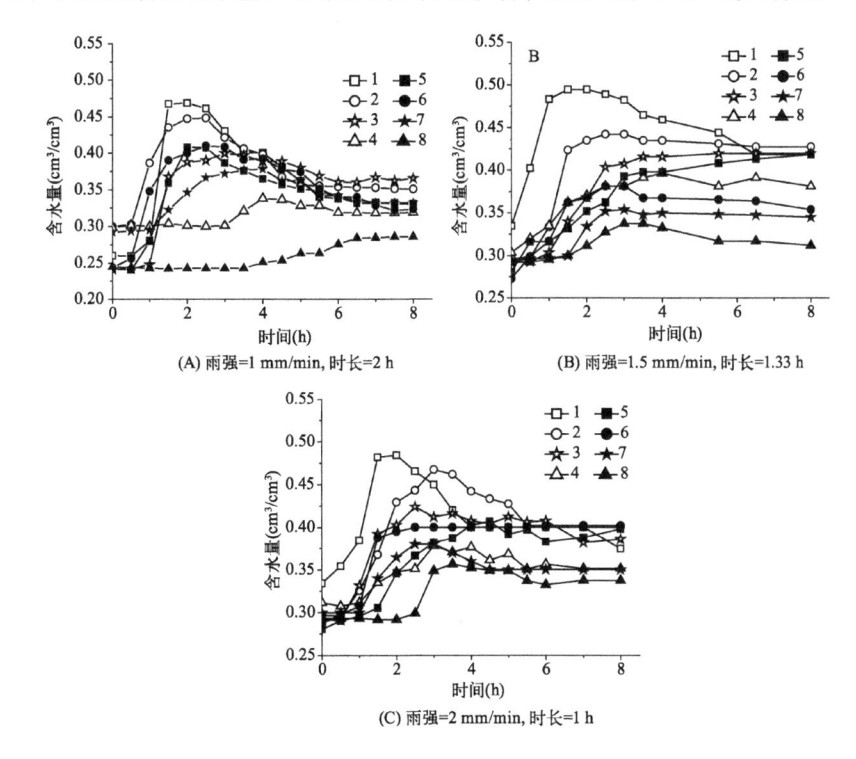

图 2.1　单次降雨下观测点 1~8 短历时土壤含水量变化图

对比三种不同降雨条件下的土壤含水量,中等雨强(1.5 mm/min)下土壤含水量的峰值要比小雨强(1 mm/min)提前,但是大雨强(2 mm/min)土壤含水量峰值的出现时间与中等雨强下峰值出现的时刻相近。因为各雨强下设定的降雨量相同,降雨持续时间随雨强增大而减小,而大雨强下的持续时间与中雨强的持续时间较为接近。小雨强下土壤各观测点含水量最终趋向于相近的稳定值,而中等雨强下各观测点稳定含水量存在较大的差异。

2.2.2 长期的水分运移规律

将土壤水分变化持续时间延长,由单次降雨观测的 8 h 延长到间歇性降雨下的持续 34 d 观测,分析降雨后坡地土壤中观测点的土壤水分日变化特征,并与短时期内相同位置处的土壤水分运移特征作比较。

图 2.2 显示了在变雨量条件下长期的土壤观测点(观测点 D1～D4 的布置对应图 2.1 中的观测点 5～8)含水量的变化规律。此处每天降雨量的变化通过改变降雨强度来实现,每次的降雨时间都为 1 h。由图可知,每隔 3 d 进行一次降雨,土壤含水量呈持续上升的趋势,在第二次连续降雨后 D1 处土壤含水量达到最大值,第四次降雨后 D2 处土壤含水量达到最大值,第六次降雨后 D3 处土壤含水量达到最大值,而 D4 处则在第七次降雨后土壤含水量达到最大值。各观测点土壤含水量达到饱和之后,因为每次降雨补给,使得土壤含水量在降雨当天维持在峰值。即使在第 28 d 降雨量最小为 2.4 mm 的补给下,土壤含水量依然能维持在峰值状态。除此以外,在沿着坡度越靠近坡顶处,土壤含水量越小,增长速率也越慢,这与图 2.1 中各次短历时降雨观测中土壤含水量的变化规律一致。土壤含水率峰值在短时间(图 2.1)和长期(图 2.2)均出现沿坡度方向的差异,说明坡地土壤水流时刻呈现出向坡脚处聚集汇流的运移规律,且距离坡脚越远的土壤含水量越难达到饱和状态。

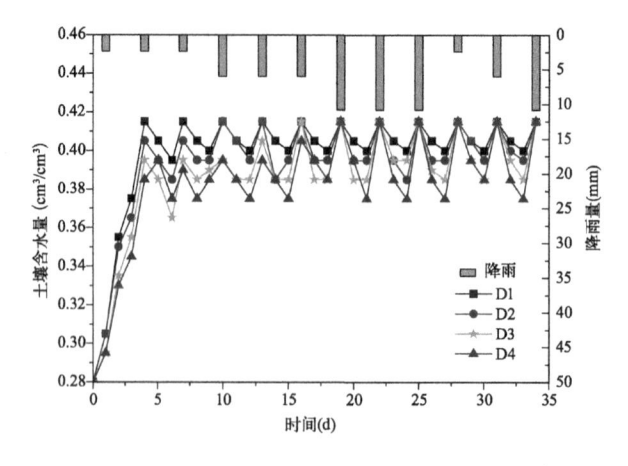

图 2.2 间歇性多次降雨下观测点 D1～D4 长历时土壤含水量变化图

2.3 坡地地表及地下产流过程

因紫色岩石风化而形成的薄且疏松的紫色土坡地,在土壤层和岩石层的交界处的渗透能力存在较大的差异,导致交界处顺着坡度方向的侧向壤中流较为发育。因此,对于紫色土坡地,氮素的流失主要通过地表和地下途径发生。在地表主要以水和冲刷泥沙为载体发生流失,而地下流失因流量较小则主要以水流为载体。

2.3.1 地表产流与产沙过程

图 2.3 和 2.4 分别展示了不同雨强和坡度组合处理下的地表径流流量的动态过程和流量均值对雨强和坡度的响应。其中各雨强的降雨时长都为 60 min。由图 2.3 可知,降雨过程中地表径流流量呈现先增大后稳定的变化规律。地表径流流量初期的增长速率随雨强增大而增大。开始产流时间也随雨强增大而缩短。由图 2.4 可知,小雨强(0.4 mm/min)下平均地表径流流量大小为 4 cm^3/s,中等雨强(1.0 mm/min)下平均地表径流流量大小为 12 cm^3/s,大雨强(1.8 mm/min)下平均地表径流流量大小为 22 cm^3/s。地表径流量与雨强呈显著的正相关。坡度作为地表产流的重要影响因子,同一降雨条件下地表径流流量应随坡度增加而增加,但在本研究中,随坡度的变化,径流量未表现出明显的差异。这与研究尺度和降雨条件有关。随着雨强

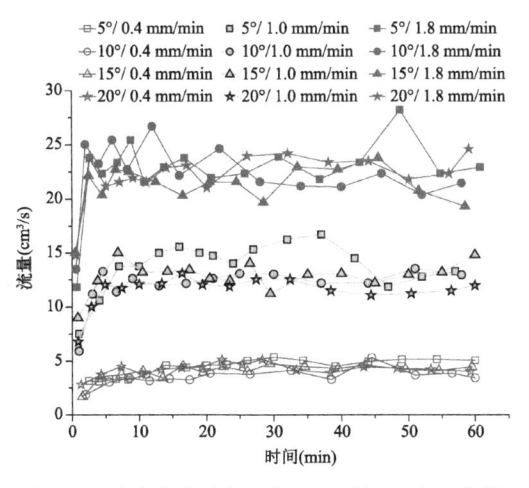

图 2.3 地表产流过程中的径流流量大小变化图

增大,误差棒范围也增大(图 2.4),即观测误差与雨强呈正相关。由此可见,在本研究中地表径流产流特征主要受到降雨的影响。

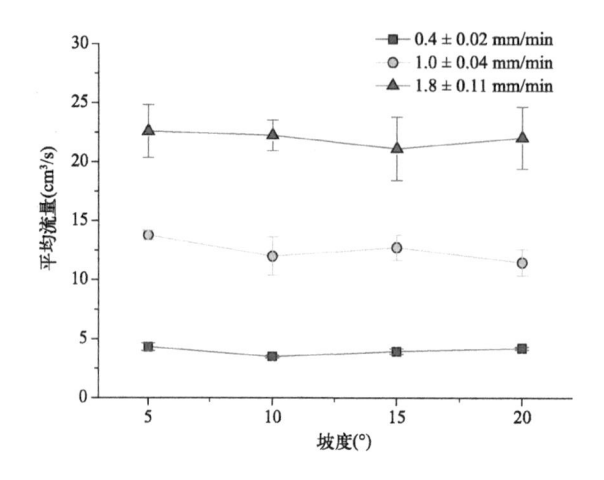

图 2.4 各雨强下的平均地表径流流量随坡度大小变化图

图 2.5 和 2.6 分别展示了不同雨强和坡度组合处理下的地表产沙率动态过程和产沙率均值对雨强和坡度的响应。其中各雨强的降雨时长都为 60 min。由图 2.5 可知,当雨强为 1.8 mm/min 时,产沙率都呈现先递减后平稳的趋势,且 5°时的减小速率要小于 10°、15°和 20°时产沙率的减小速率;当雨强为 1.0 mm/min 时,只在坡度为 15°和 20°时,初期产沙率呈现出减小的趋

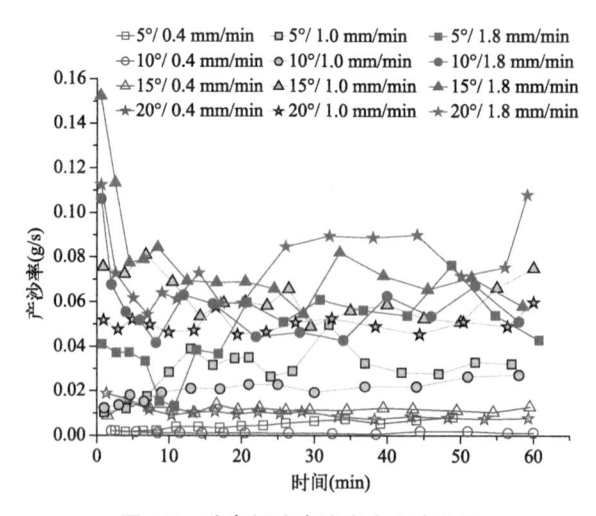

图 2.5 地表径流产沙率大小变化图

势,而当坡度为 5°和 10°时,初期产沙率出现递增趋势;当雨强为 0.4 mm/min 时,只在坡度为 20°时,初期产沙率呈减小趋势。由图 2.6 可知,产沙率随雨强增大而增大,与坡度也大致呈正相关。与地表径流相似,雨强越大,重复观测的产沙率误差越大。

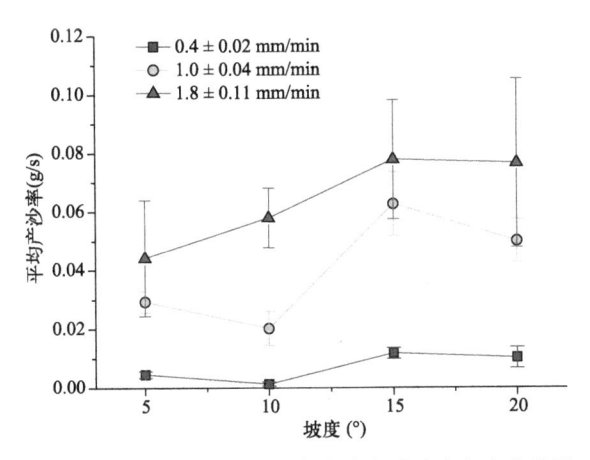

图 2.6 各雨强下的平均地表产沙率随坡度大小变化图

2.3.2 壤中流方式的地下产流过程

图 2.7 和 2.8 分别展示了不同雨强和坡度组合处理下的壤中流的动态过程和出流均值对雨强和坡度的响应。其中各雨强的降雨时长都为 60 min。由图 2.7 可知,大体上壤中产流流量过程呈先增大后减小的趋势,流量最大值出现在小雨强下。降雨 20 min 后才开始出流,出流持续时间长达 3 h 左右。由图 2.8 可知,壤中流流量在 0.1~0.4 cm³/s 时,误差棒值较大。流量值与雨强大小未呈现一般相关性。雨强为 0.4 和 1.0 mm/min 时,平均流量最小值在 10°时发生,雨强达到 1.8 mm/min 时,在 10°处流量出现最大值。

降雨到达坡面后,一部分在坡面形成地表径流并冲刷地表泥沙,另一部分渗入坡地土壤内并发生运移。地表径流与壤中产流过程呈现出很大的区别。首先,降雨下地表径流产流较快,开始产流后趋于稳定,而壤中流产流滞后且流量呈峰值变化趋势。其次,地表径流流量是壤中流流量的 10~100 倍。地表径流过程较为简单,主要随降雨强度增大而增强,而壤中流产流过程复杂多变,不具备一般性的规律。地表产流的发生与降雨的入渗速率和降雨强度大小有关,壤中流过程则主要与土壤的导水率有关。地表径流的规律

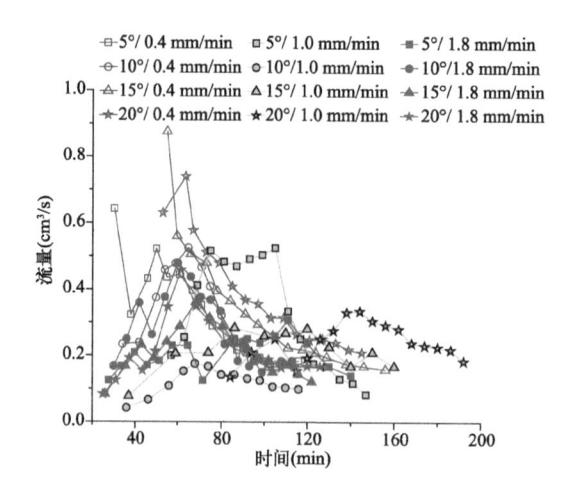

图 2.7　地下产流过程中的壤中流流量大小变化图

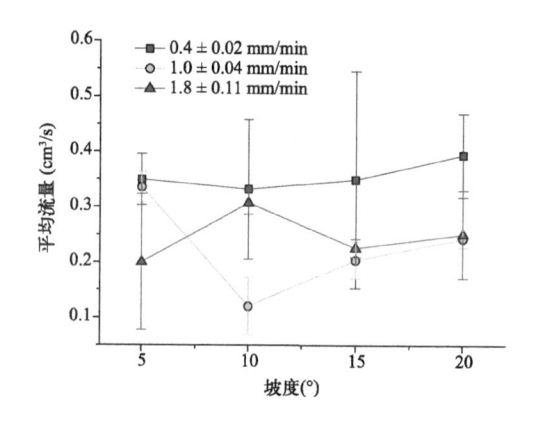

图 2.8　各雨强下的壤中平均径流流量随坡度大小变化图

性强于壤中流是因为地表径流发生在坡面,属于一个二维过程,再考虑土槽坡面的均质性,地表径流过程可以当作沿坡度方向的一维流动,且地表径流的运动只与土壤介质表面发生接触。因此其产流过程中主要受降雨的影响和作用,只要降雨条件保持不变,地表产流过程就维持稳定状态。相比之下,壤中流过程在土体内的运移是一个三维过程,即使假设土槽因为回填土而均质,其仍然沿坡度方向存在水平和垂直方向上的运移,是一个简化的二维运移。而且土壤水在地下运移发生在土壤介质中,运移规律受土壤性质影响和作用。因此壤中产流复杂,影响因素众多,不确定性更强。

第三章
紫色土坡耕地壤中氮素运移流失过程与特征

3.1 土壤剖面氮素运移规律

3.1.1 短时期内氮素运移规律

图 3.1、3.2 和 3.3 分别显示了单次不同降雨条件下观测点氨氮(NH_4^+-N)、硝态氮(NO_3^--N)、总氮(TN)短时间内的时空变化特征。由图 3.1 可知,氨氮的浓度变化规律性较差,随时间的起伏变化较大。小雨强长历时降雨下[图 3.1(A)],氨氮浓度均值为 1.8 mg/L;中等雨强下[图 3.1(B)],氨氮浓度均值为 3.6 mg/L;大雨强下[图 3.1(C)],氨氮浓度均值为 4.0 mg/L。雨强越大,氨氮浓度值越大,但变化越杂乱无章。由图 3.2 可知,在降雨后 6 h 内,上层(15 cm)土壤水硝态氮浓度呈现出先增长后趋于稳定的状态。而下层(35 cm)土壤水硝态氮浓度在降雨阶段持续下降,降雨结束后趋向于稳定值。雨强越大,硝态氮浓度变化速率越快,变化幅度越大。上层土壤水硝态氮浓度呈现出沿坡度方向向坡脚处递增的空间特征,其中观测点 1 和 4 的硝态氮浓度呈现显著差异。而下层土壤水硝态氮浓度在沿坡度方向上无明显的空间差异。由图 3.3 可知,在降雨后 6 h 内,土壤水总氮浓度呈现出持续性增长的趋势,雨强越大,增长得越快且增长幅度越大,在观测后期总氮浓度也趋于稳定。观测点 1、2、3 的浓度明显大于观测点 4 的浓度,同样,观测点 5、6、7 的浓度明显大于观测点 8 的浓度。在垂直方向上,上层土壤水总氮浓度也要大于同一水平位置的下层土壤水总氮浓度。整体上看,土壤水中硝态氮(243 mg/L)和总氮(544 mg/L)浓度值要远大于氨氮的浓度值(3.1 mg/L)。

(A) 雨强=1 mm/min，时长=2 h

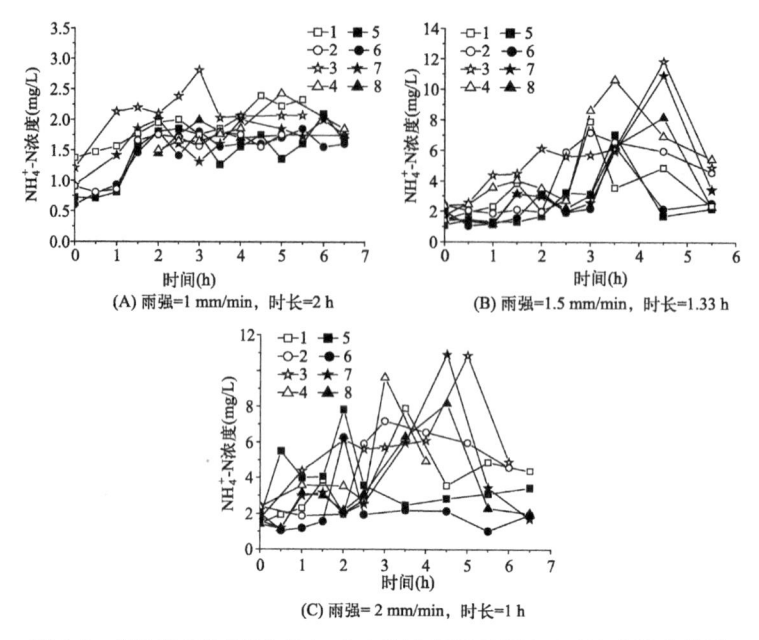

(B) 雨强=1.5 mm/min，时长=1.33 h

(C) 雨强=2 mm/min，时长=1 h

图 3.1　各次降雨下观测点 1~8 土壤水氨氮($NH_4^+ -N$)浓度的变化图

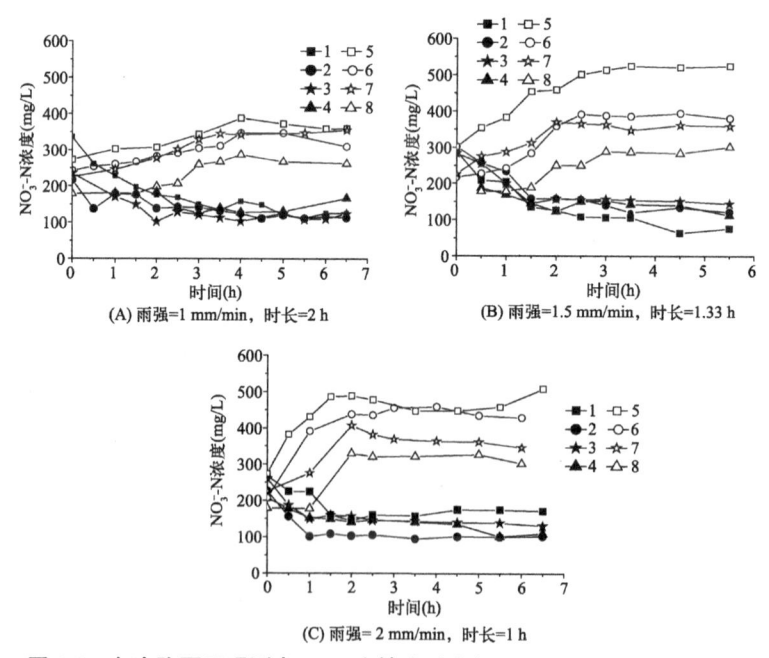

(A) 雨强=1 mm/min，时长=2 h

(B) 雨强=1.5 mm/min，时长=1.33 h

(C) 雨强=2 mm/min，时长=1 h

图 3.2　各次降雨下观测点 1~8 土壤水硝态氮($NO_3^- -N$)浓度的变化图

(A) 雨强=1 mm/min，时长=2 h

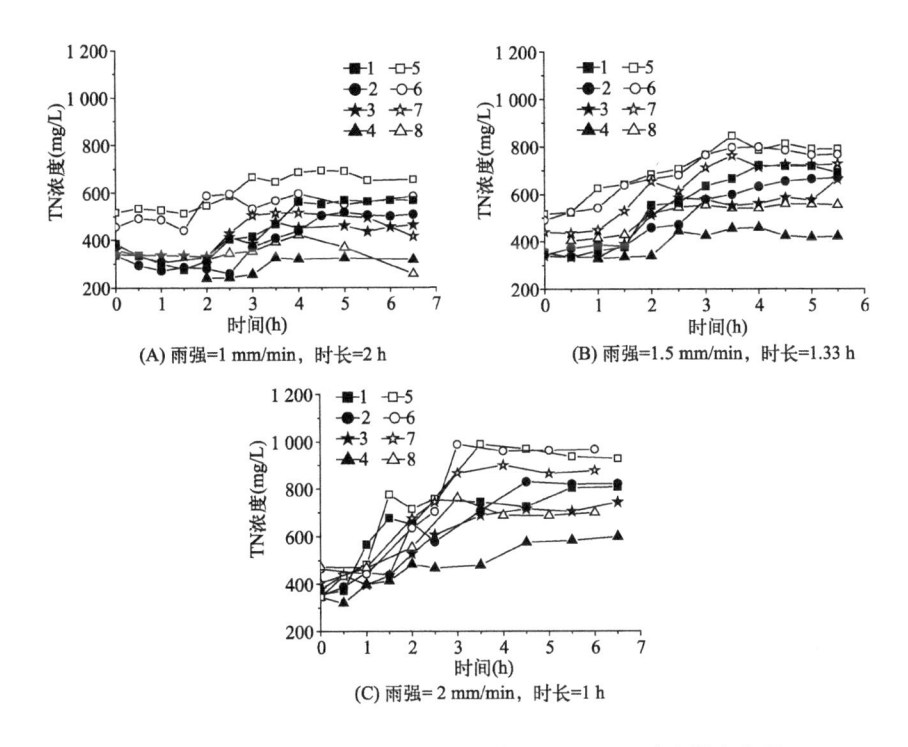

(B) 雨强=1.5 mm/min，时长=1.33 h

(C) 雨强=2 mm/min，时长=1 h

图 3.3　各次降雨下观测点 1～8 土壤水总氮(TN)浓度的变化图

3.1.2　长期的氮素运移规律

图 3.4 为连续多次降雨条件下土壤观测点氨氮[图 3.4(A)]、硝态氮[图 3.4(B)]、总氮[图 3.4(C)]浓度长期的时空变化规律。由图 3.4(A)可知，土壤水氨氮浓度起伏波动，无一般规律性，在观测后期氨氮浓度趋向于零。由图 3.4(B)可知，土壤水硝态氮浓度在观测的前阶段(15～20 d)随时间呈现出显著的下降趋势，而后趋于稳定。比较 D1～D4 四个观测点的浓度变化情况，下坡观测点浓度比上坡观测点的硝态氮浓度减小得更快更多。由图 3.4(C)可知，总氮的浓度变化随天数也呈现下降的趋势，大体的时空特性与硝态氮变化一致，但稳定性要差于硝态氮。对比图中的纵坐标值，氨氮浓度远小于硝态氮和总氮的浓度值。

土壤水中氨氮浓度在坡地不同位置处的浓度均值表现出的差异性无一般性规律。在一次降雨中，硝态氮浓度在不同土层深度处表现出显著的差异，浓度值随土壤深度增加而减小，并且靠近坡脚处观测点的浓度值要显著大于其他位置的浓度。而在多次间歇性降雨的观测中，沿坡度方向观测点的

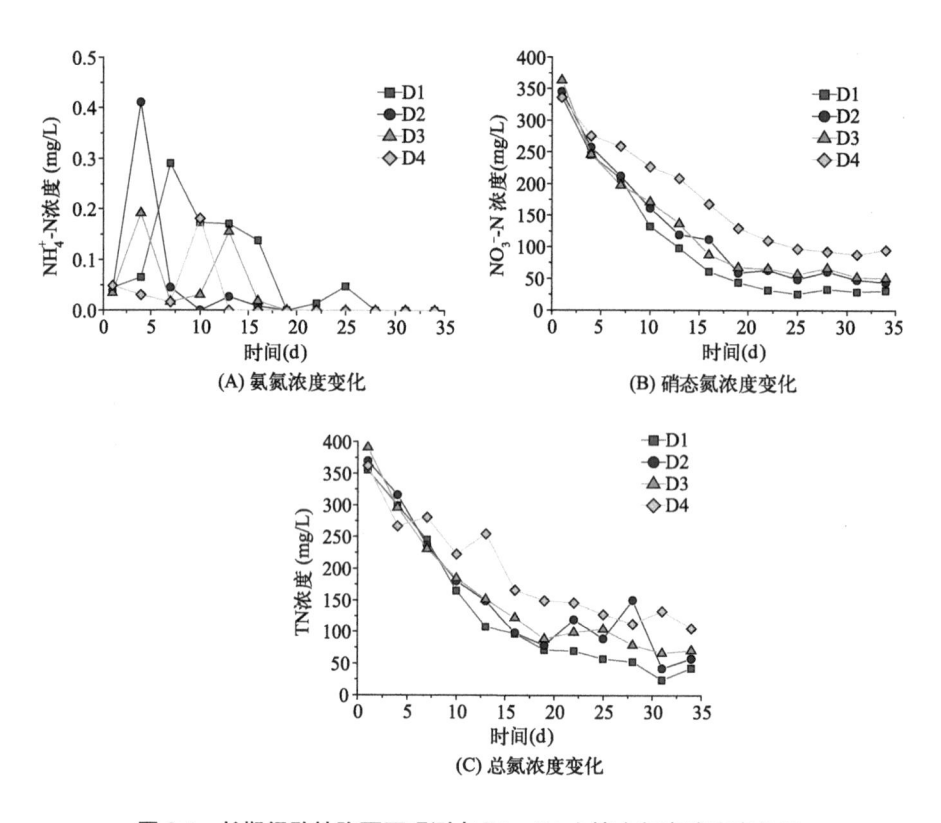

图 3.4 长期间歇性降雨下观测点 D1～D4 土壤水氮素浓度变化图

硝态氮浓度值在第 7 天的第三次降雨时开始表现出差异性,在第 16 天的第六次降雨后沿坡度方向的四个观测点都呈现出显著差异。与短期观测不同的是,硝态氮浓度值在靠坡顶处较大。这是因为短期的观测中,由于地表撒施氮肥,硝态氮在降雨作用下由地表向地下运移,呈现出快速向坡脚聚集的现象,而长期的观测中,初始氮肥均匀分布在土槽中,硝态氮在降雨作用下淋失,坡脚处呈现出较大的淋失速率。总氮的空间变化特征与硝态氮相近。

对比单次降雨处理和长期间断性降雨处理下土壤水中氮素的时空特征,氨氮在土壤水中的浓度远小于硝态氮和总氮浓度,且随时间起伏波动,无明显的一般性规律。而硝态氮和总氮浓度在降雨后短时间(6 h)内出现增长的趋势,但是在长期(34 d)观测中,浓度总体上会随时间呈显著的衰减趋势。无论在单次降雨下的短时间观测或者多次间歇降雨的长期观测中,硝态氮和总氮浓度变化在沿坡度方向上都表现出差异,即坡脚处的浓度要大于坡顶处的浓度,且前者变化要快于后者。

3.2 降雨-水分运移-氮素运移相互关系

从单次降雨事件的短期观测中可知,土壤含水量的时空特征与土壤水总氮浓度的变化特征一致。坡脚处的土壤含水量和总氮浓度都要明显大于坡顶处的含水量和总氮浓度,且增长更快。在垂直方向上,上层土壤的含水量和总氮浓度大于下层土壤的含水量和总氮含量,且增长更快。总氮浓度的峰值滞后于土壤含水量的峰值,当土壤含水量从峰值开始减小时,土壤水总氮浓度还在增长,直到土壤含水量趋于稳定时总氮浓度亦趋于稳定。对于硝态氮,上层土壤含水量的时空特征与土壤水硝态氮浓度的变化特征一致,坡脚处的土壤含水量和硝态氮浓度都要明显大于坡顶处的含水量和硝态氮浓度,且增长更快。而下层土壤水硝态氮浓度却随着土壤含水量增加而减小,且未呈现沿坡度方向的差异。在小于 1.5 mm/min 的雨强下,硝态氮浓度的峰值均滞后于土壤含水量的峰值,而当雨强增大到 2 mm/min 时,硝态氮浓度的峰值与土壤含水量的峰值相近。土壤含水量趋于稳定时硝态氮浓度亦趋于稳定。对于土壤中的氨氮,因为其含量微小且变化杂乱无序,其运移未呈现出一般的规律性。以上结果可以说明,在降雨发生后的短时间内,土壤水运移携带施加在地表的氮素在土壤中迁移,除了水运移带来的氮素浓度的增长外,氮素自身的弥散作用也是其浓度增长的驱动力。

从长历时的间歇性降雨下的土壤含水量与氮素浓度的变化规律来看,整体上土壤含水量随时间而增长,氮素浓度则随时间而下降,且在初期降雨下土壤含水量增长的阶段,氮素浓度的下降速率最快。由此可见,虽然瞬时土壤水的运移会带来氮素浓度的增长,但是在长期的过程中土壤水的运移会携带氮素向地下水及径流中流失。降雨带来土壤水的增多和运移,最终对土壤氮素起到冲刷淋洗的作用。

3.3 地表及地下的氮素流失规律

3.3.1 氮素随地表径流流失的过程与特征

图 3.5 为在不同降雨强度和坡度下随地表径流流失的氨氮浓度在降雨

过程中的动态过程。由图可知,当雨强为 0.4 mm/min 时,在流失发生的初始阶段氨氮浓度表现出下降的趋势;当雨强为 1.0 mm/min 时,流失发生的初期氨氮浓度呈增长趋势;当雨强为 1.8 mm/min 时,流失发生的前 5 min 内,氨氮浓度在小坡度(5°和 10°)时增大,在大坡度(15°和 20°)时减小。氨氮初期随地表径流流失浓度的变化趋势主要与地表氨氮含量和径流产流特征有关。当初始浓度在 0.1 mg/L 以上时,初期的地表径流流量的增长对携带流失的氨氮浓度主要起到稀释作用,故初期氨氮浓度呈下降趋势;当初始浓度在 0.08 mg/L 以下时,初期地表径流流量的增长对氨氮的流失起到促进作用,故流失氨氮浓度上升。地表氨氮流失浓度的初期变化速度与雨强呈正相关,这与地表径流流量初期增长速率与雨强呈正相关一致。

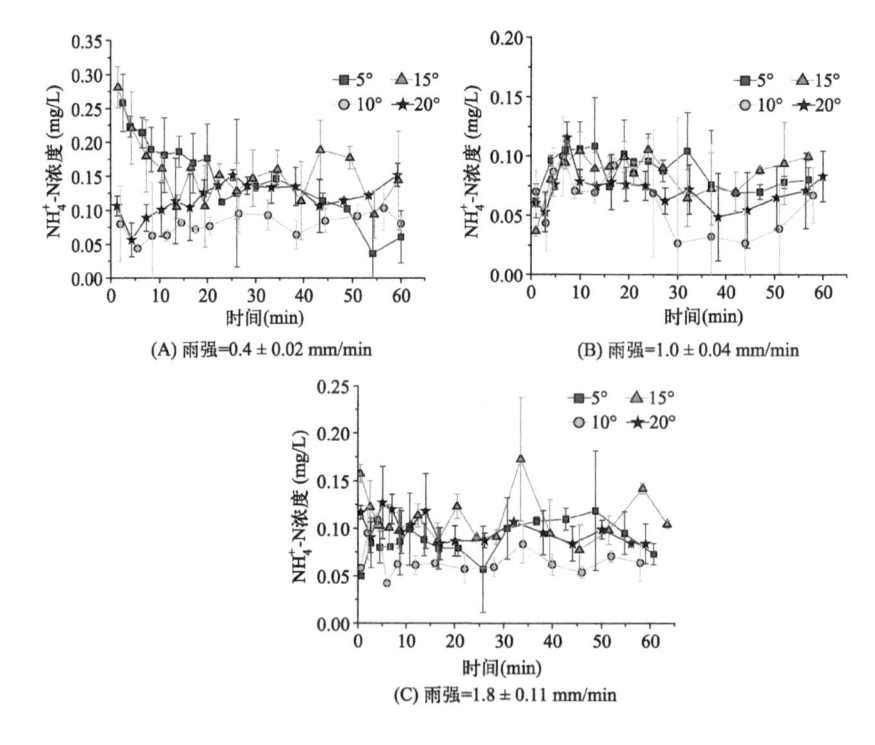

图 3.5 不同处理下地表径流携带氨氮流失浓度变化过程

图 3.6 为在不同降雨强度和坡度下随地表径流流失的硝态氮浓度在降雨过程中的动态过程。由图可知,在降雨初期(前 10 min),各处理下的硝态氮随地表径流流失浓度呈显著的指数递减趋势,且雨强越大,硝态氮下降速率越快。当地表径流稳定后,随地表径流流失的硝态氮浓度也趋于稳定状

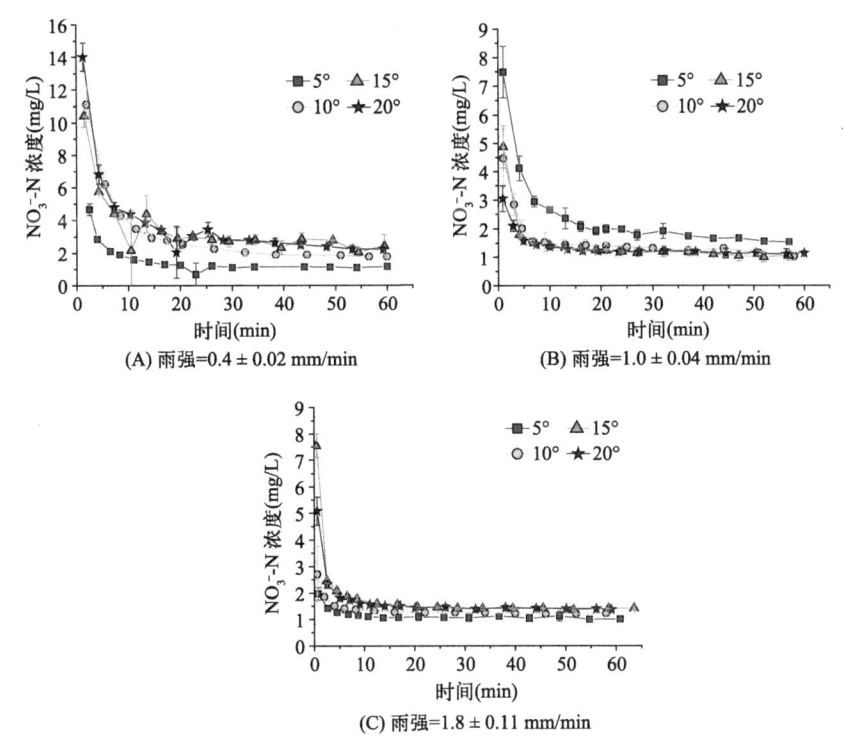

图 3.6　不同处理下地表径流携带硝态氮流失浓度变化过程

态。这说明地表硝态氮流失主要受地表径流流量的作用。在降雨初期,随着地表径流流量增大,冲刷携带的硝态氮浓度降低,且雨强越大,地表径流流量越大,流失的硝态氮浓度越小。

图 3.7 为在不同降雨强度和坡度下随地表径流流失的总氮浓度在降雨过程中的变化过程。在雨强为 0.4 mm/min 时,总氮浓度在降雨初期呈现较为明显的下降趋势,与硝态氮浓度的变化相似。随着雨强增大,初期浓度的衰减趋势减弱。在中雨强(1.0 mm/min)和大雨强(1.8 mm/min)时,总氮浓度基本呈稳定不变的趋势。

对比地表径流流失的氨氮、硝态氮和总氮浓度的动态过程可发现,硝态氮的流失规律性最显著,且误差棒值最小;氨氮的波动最大,且误差棒值也最大;总氮浓度的误差棒值也较大。地表径流携带的氨氮浓度在 0.02~0.3 mg/L 的范围内变化,硝态氮浓度在 1~15 mg/L 的范围内变化,总氮浓度在 3~23 mg/L 的范围内变化。

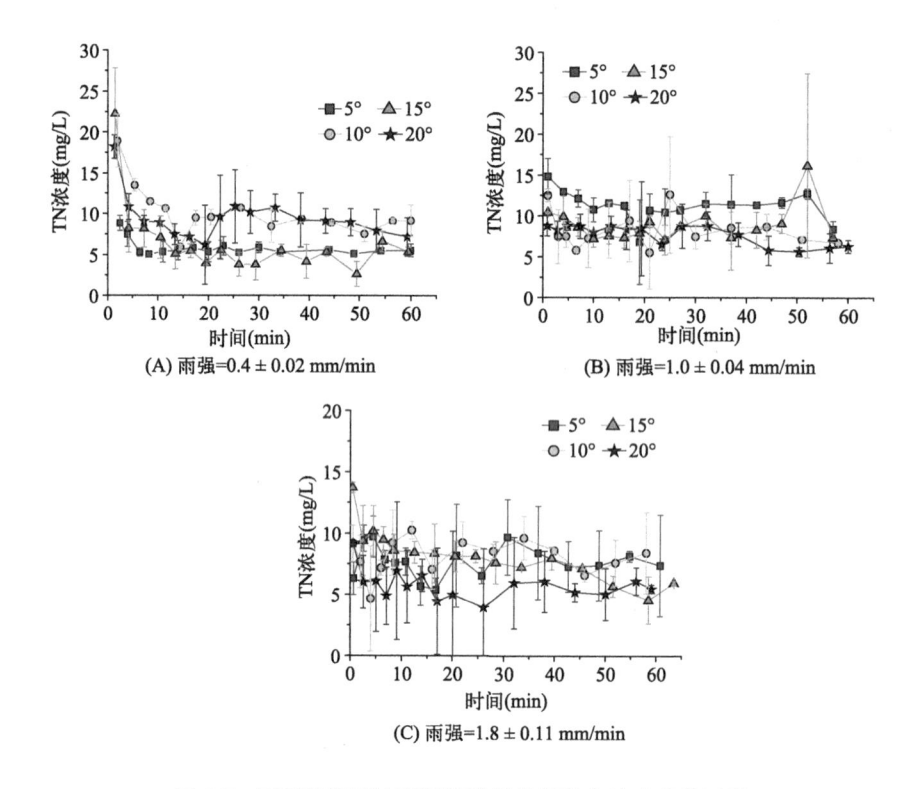

图 3.7　不同处理下地表径流携带总氮流失浓度变化过程

3.3.2　氮素随壤中流流失的过程与特征

图 3.8 显示了不同雨强和坡度条件下壤中流携带的氨氮浓度变化。由图 3.8 可知,在小雨强[图 3.8(A)]下氨氮浓度基本保持平稳变化的趋势,且误差棒值最大。在中雨强[图 3.8(B)]时,在坡度为 10°时有浓度峰值出现,且此峰值误差棒值也最大,其余坡度下浓度变化也呈基本不变的状态。在大雨强[图 3.8(C)]时,出现误差较大的波动可忽略,其余浓度变化呈不变的趋势。在小雨强下氨氮流失浓度最大,平均浓度为 0.4 mg/L,中雨强时平均流失浓度为 0.2 mg/L,大雨强时平均流失浓度为 0.18 mg/L。相同雨强下不同坡度间的流失浓度差异不明显。

图 3.9 显示了不同雨强和坡度条件下壤中流携带的硝态氮浓度变化。由图 3.9 可知,在小雨强下[图 3.9(A)],在坡度为 5°和 10°时,后期硝态氮流失浓度呈现出较为明显的递减趋势,而坡度为 15°和 20°时,壤中流携带的硝

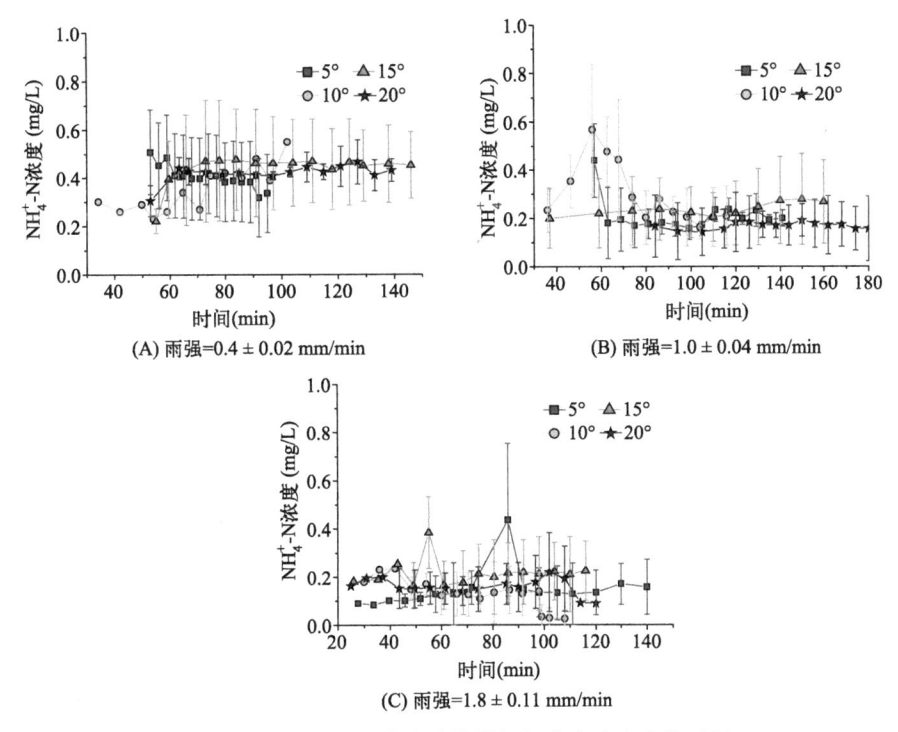

图 3.8 不同处理下壤中流携带氨氮流失浓度变化过程

态氮浓度则呈递增趋势。在中雨强下[图 3.9(B)],初期氮素浓度都呈现减小的趋势,在坡度为 5°时,硝态氮浓度在后期出现增大,其余坡度下基本保持不变。在大雨强[图 3.9(C)]时,初期硝态氮浓度减小,后期浓度可视为不变。在小雨强下硝态氮流失浓度最大,平均浓度为 100 mg/L,中雨强时平均流失浓度为 50 mg/L,大雨强时平均流失浓度为 38 mg/L。相同雨强下不同坡度间的流失浓度差异不明显。

图 3.10 显示了不同雨强和坡度条件下壤中流携带的总氮浓度变化。由图 3.10 可知,在小雨强下[图 3.10(A)],壤中流携带的总氮浓度呈波动起伏。在中雨强下[图 3.10(B)],初期氮素浓度都呈现减小的趋势,在坡度为 5°时,总氮浓度在后期出现增大,其余坡度下基本保持不变。在大雨强[图 3.10(C)]时,初期总氮浓度减小,后期浓度可视为不变。在小雨强下总氮流失浓度最大,平均浓度为 120 mg/L,中雨强时平均流失浓度为 80 mg/L,大雨强时平均流失浓度为 60 mg/L。相同雨强下不同坡度间的流失浓度差异不明显。各处理下总氮浓度的变化特征与硝态氮基本一致。

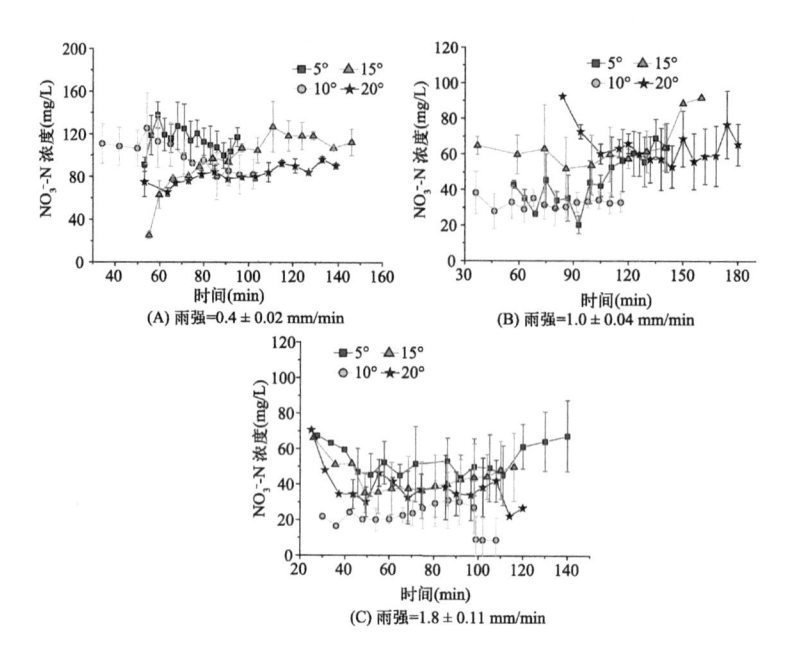

图 3.9　不同处理下壤中流携带硝态氮流失浓度变化过程

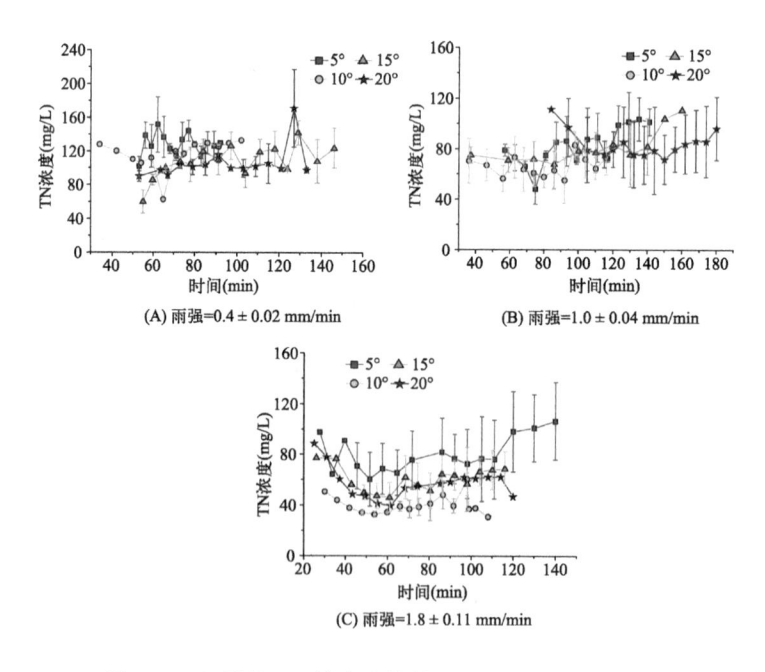

图 3.10　不同处理下壤中流携带总氮流失浓度变化过程

对比地表与地下氮素流失过程可发现,随壤中流流失氮素的规律性弱于地表径流携带流失的氮素浓度过程,且重复观测间的误差要大于地表径流过程中的氮素流失。这表明壤中流携带氮素流失过程的变化性极强,同时也说明了壤中流过程的复杂性。

3.3.3 各形态氮素的流失比例及途径

由图 3.11 可知,通过壤中流流失的氮素浓度要显著高于相同处理下地表径流携带流失的氮素浓度,流失浓度均值达到了 50 倍左右。根据盒型图,壤中流携带氮素流失过程中的异常值多于地表径流携带氮素流失,且地表径流携带氮素流失的过程更稳定,这与章节 3.3.1 和 3.3.2 中氮素流失的过程特征一致。氨氮的流失浓度均值远小于硝态氮和总氮的流失浓度值。因此,分析紫色土坡地在一次降雨中不同形式氮素流失的主要途径,有利于我们更有

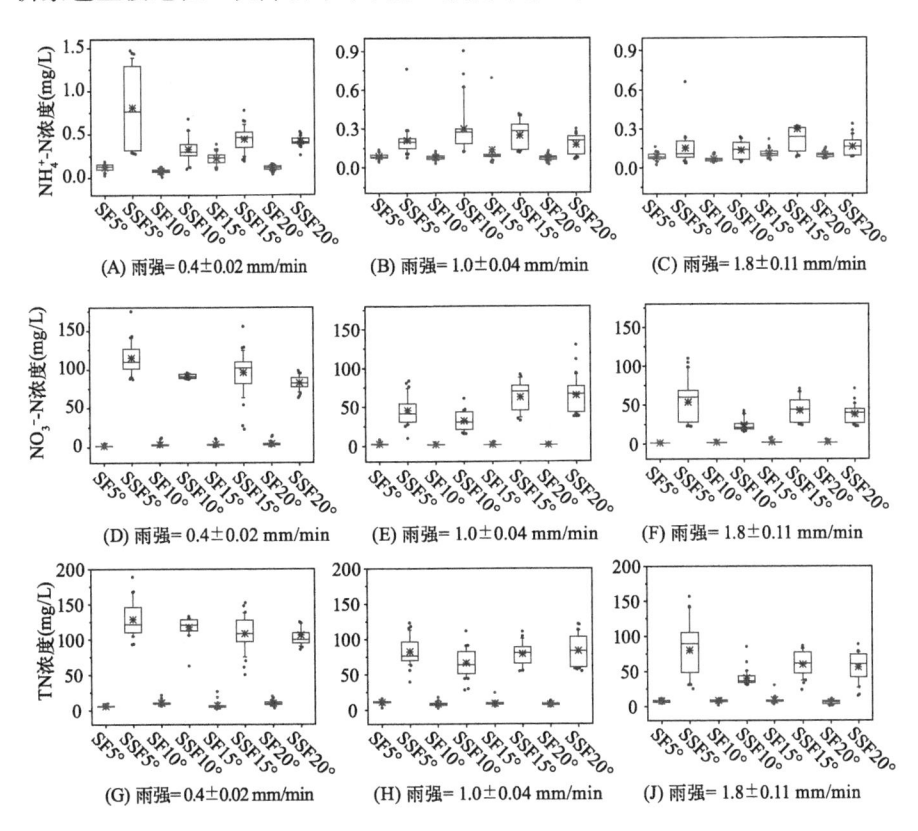

图 3.11 不同处理下由地表径流(SF)和壤中流(SSF)携带流失的氨氮(A、B、C)、硝态氮(D、E、F)和总氮(G、H、J)浓度盒型图

效地采取措施控制坡地的氮素流失。

图 3.12 为各次降雨下氨氮通过地表泥沙、壤中流及地表径流流失而产生的流失负荷柱状分布图。小雨强(0.4 mm/min)下,氨氮通过地表径流流失的比重最大,在坡度 5°、10°、15°和 20°下分别达到 46%、60%、53%和 41%。在中雨强(1.0 mm/min)时,氨氮通过泥沙携带流失的比例明显增大,在坡度 5°、10°、15°和 20°下分别达到 50%、46%、71%和 70%,其余以地表径流携带流失为主。在大雨强(1.8 mm/min)时,氨氮也主要通过地表泥沙和径流携带发生流失,在坡度 5°、10°、15°和 20°下,泥沙携带分别占 50%、70%、58%和 59%,地表径流携带分别占 48%、29%、40%和 40%。由此可见,氨氮主要通过地表发生流失,雨强越大,冲刷流失泥沙越多,泥沙携带氨氮流失负荷越大。

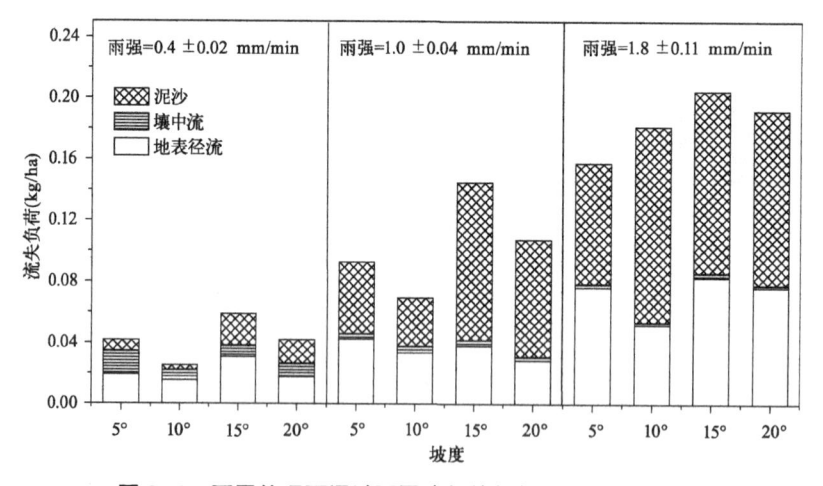

图 3.12　不同处理下通过不同途径的氨氮流失负荷分布图

图 3.13 为各次降雨下硝态氮通过地表泥沙、地表径流及壤中流流失而产生的流失负荷柱状图。由图可知,小雨强(0.4 mm/min)下,硝态氮流失量最大,且以壤中流携带流失为主,在坡度 5°、10°、15°和 20°下分别达到 92%、80%、79%和 77%。在中雨强(1.0 mm/min)时,硝态氮通过地表径流携带流失的比例明显增大,但仍以随壤中流流失为主要途径,壤中流流失比例在坡度 5°、10°、15°和 20°下分别达到 41%、61%、60%和 63%。在大雨强(1.8 mm/min)时,硝态氮也主要通过地表径流携带发生流失,在坡度 5°、10°、15°和 20°下达到了 50%、78%、73%和 73%。

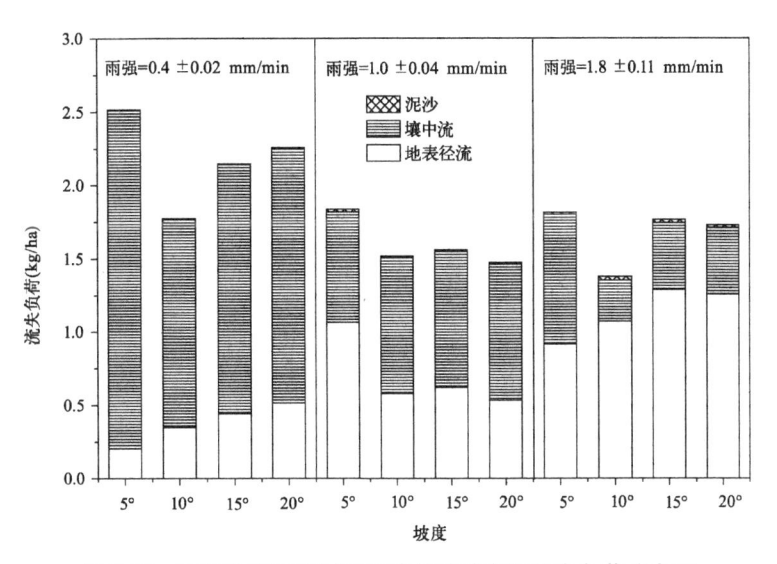

图 3.13 不同处理下通过不同途径的硝态氮流失负荷分布图

由此可见,由泥沙携带的硝态氮流失负荷可忽略不计,小雨强下以壤中流携带硝态氮流失为主,大雨强下则以地表径流携带硝态氮流失为主,因雨强越大,地表径流量越大,携带的硝态氮流失负荷就越大。

图 3.14 为各次降雨下总氮通过地表泥沙、地表径流及壤中流流失而产

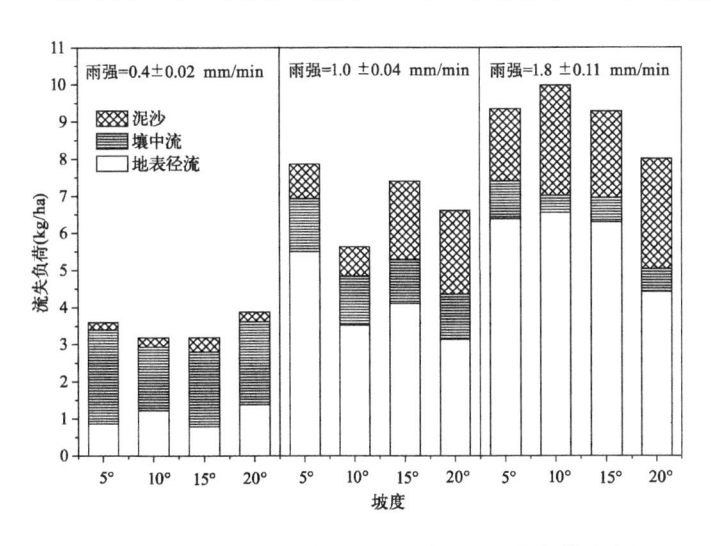

图 3.14 不同处理下通过不同途径的总氮流失负荷分布图

生的流失负荷柱状图。由图可知,小雨强(0.4 mm/min)下,总氮流失量最

小,且以壤中流携带为主,流失比例在坡度 5°、10°、15°和 20°下分别达到 70%、54%、63%和 58%,其余以地表径流携带流失为主。在中雨强(1.0 mm/min)时,总氮通过地表径流携带流失的比例明显增大,在坡度 5°、10°、15°和 20°下分别达到 70%、63%、55%和 47%,泥沙携带流失的比例较小雨强时有所增加。在大雨强(1.8 mm/min)时,总氮也主要通过地表发生流失,在坡度 5°、10°、15°和 20°下径流携带流失比例达到了 68%、66%、68%和 55%,泥沙携带流失比例达到了 21%、29%、25%和 37%。由此可见,总氮各途径下的流失比例结合了氨氮和硝态氮两种氮素的流失规律。

3.4 产流与氮素流失的关系

3.4.1 产流过程与氮素流失浓度的关系

由图 3.15 可知,氨氮、硝态氮和总氮流失过程中,地表[图 3.15(A)]和壤中[图 3.15(B)]氮素流失浓度与流量表现出不同的相关关系。图 3.15 的回归参数统计见表 3.1 中全部处理一栏。表 3.1 中还单独列出了各个不同坡度下氮素流失浓度与流量的线性回归参数。结合图 3.15(A)和表 3.1 可知,随地表径流流失的氨氮($R^2=0.051$, $p<0.001$)和硝态氮($R^2=0.225$, $p<0.001$)浓度与流量大小呈显著负相关,总氮浓度与流量也呈负相关($R^2=0.002$, $p=0.359$)。回归结果中,硝态氮通过地表流失的表现最为显著,总氮的回归结果显著性最弱。除此以外,由回归斜率值一栏可以看出,除 5°和 15°下的总氮,地表流失的氮素浓度与流量大小都呈现出负相关性,即地表径流流量越大,通过地表流失的氮素浓度越小。这说明地表径流流量对流失氮素起到稀释的作用。

由图 3.15(B)和表 3.1 可知,随壤中流携带的氨氮和硝态氮浓度与流量呈显著正相关($R^2=0.014$, $p<0.05$),总氮浓度与流量也呈正相关($R^2=0.010$, $p=0.071$)。对比回归参数,壤中流回归的结果显著性要差于地表过程。根据表中斜率值一栏,在小坡度 5°和大坡度 20°时各种氮素流失浓度都随流量增大而增大,所有数据的回归也显示:壤中流流量越大,氮素流失浓度越大。这说明壤中流促进氮素发生地下流失。壤中流与地表径流过程

表 3.1 氮素流失浓度与流量的线性回归参数统计表

氮素	坡度	产流方式	回归参数					
			R^2	p 值	截距	p 值	斜率	p 值
NH_4^+-N	5°	地表	0.068	0.011	−0.961	<0.001	−0.006	0.011
		壤中	0.055	0.028	−0.766	<0.001	0.542	0.028
	10°	地表	0.003	0.606	−1.143	<0.001	−0.001	0.606
		壤中	0.027	0.193	−0.636	<0.001	−0.34	0.193
	15°	地表	0.290	<0.001	−0.706	<0.001	−0.016	<0.001
		壤中	0.022	0.196	−0.505	<0.001	−0.314	0.196
	20°	地表	0.002	0.656	−1.034	<0.001	−0.001	0.656
		壤中	0.133	<0.001	−0.861	<0.001	0.649	<0.001
	全部处理	地表	0.051	<0.001	−0.960	<0.001	−0.006	<0.001
		壤中	0.014	0.033	−0.711	<0.001	0.250	0.033
NO_3^--N	5°	地表	0.058	0.019	0.275	<0.001	−0.007	<0.001
		壤中	0.029	0.112	1.705	<0.001	0.258	0.112
	10°	地表	0.387	<0.001	0.471	<0.001	−0.017	<0.001
		壤中	0.011	0.414	1.479	<0.001	0.193	0.414

续表

氮素	坡度	产流方式	回归参数					
			R^2	p 值	截距	p 值	斜率	p 值
$NO_3^- - N$	15°	地表	0.260	<0.001	0.515	<0.001	−0.017	<0.001
		壤中	0.030	0.132	1.854	<0.001	−0.258	0.132
	20°	地表	0.303	<0.001	0.522	<0.001	−0.017	<0.001
		壤中	0.017	0.225	1.712	<0.001	0.163	0.225
	全部处理	地表	0.225	<0.001	0.446	<0.001	−0.015	<0.001
		壤中	0.014	0.033	1.670	<0.001	0.194	0.033
TN	5°	地表	0.082	0.005	0.812	<0.001	0.006	0.005
		壤中	0.072	0.013	1.863	<0.001	0.281	0.013
	10°	地表	0.088	0.007	0.995	<0.001	−0.006	0.007
		壤中	0.021	0.245	1.818	<0.001	−0.219	0.245
	15°	地表	0.102	0.002	0.753	<0.001	0.009	0.002
		壤中	0.0002	0.901	1.897	<0.001	−0.016	0.901
	20°	地表	0.246	<0.001	1.018	<0.001	−0.013	<0.001
		壤中	0.001	0.747	1.871	<0.001	0.043	0.747
	全部处理	地表	0.002	0.359	0.894	<0.001	−0.001	0.359
		壤中	0.010	0.071	1.844	<0.001	0.126	0.071

对氮素流失浓度的不同作用,与地表径流和壤中流的流量大小有关,根据图3.15,地表径流流量是壤中流流量大小的30倍左右,因此地表径流对氮素流失起到稀释作用,而壤中流流量远小于地表径流流量,还无法起到稀释氮素的作用,而主要携带氮素发生流失。

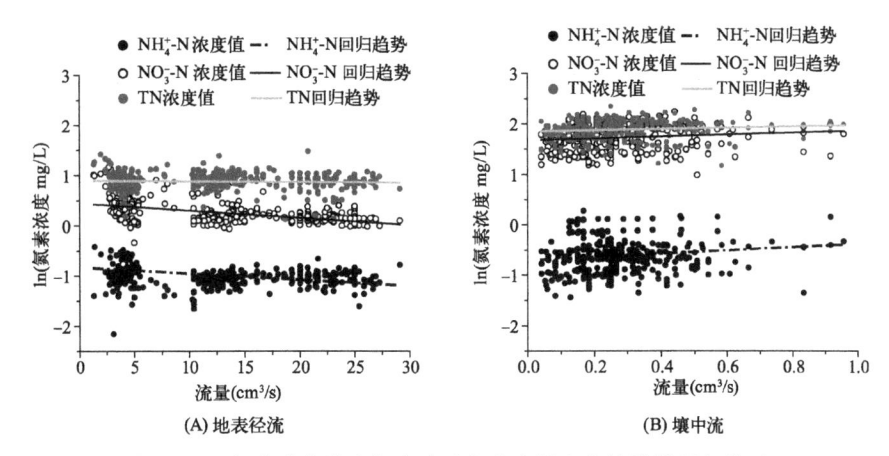

图3.15 氮素流失浓度与产流过程中流量大小的线性回归关系

(A) 地表径流 (B) 壤中流

3.4.2 产流过程与氮素流失负荷的关系

由图3.16和表3.2可知,地表径流(氨氮:$R^2=0.521$,$p<0.001$;硝态氮:$R^2=0.491$,$p<0.001$;总氮:$R^2=0.565$,$p<0.001$)和壤中流(氨氮:$R^2=0.305$,$p<0.001$;硝态氮:$R^2=0.338$,$p<0.001$;总氮:$R^2=0.411$,$p<0.001$)的氮素流失负荷与流量呈正相关,即流量越大,氮素流失量越大。由表3.2可知,各坡度下的回归结果参数都具显著性($p<0.05$)。斜率值一栏数据都大于0,即任意坡度下产流流量都显著地促使了氮素流失负荷的增大。对比地表产流和壤中出流过程,壤中流回归的斜率值要明显大于相同条件下的地表流失回归的斜率值,这说明壤中流流量对氮素流失负荷的携带作用要强于地表径流。

对比流失浓度与流失负荷的回归结果,流失负荷的回归结果规律性更强且决定系数R^2大于流失浓度的回归结果,显著性也强于流失浓度。地表径流和壤中流携带氮素流失,流量越大,携带的氮素负荷越大。壤中流流量小,且携带氮素浓度大,因此流失负荷随流量增幅更大。但在本研究中,当流量大于$1\,\mathrm{cm^3/s}$时,流量对携带的流失氮素浓度起稀释作用。

表 3.2　氮素流失负荷与流量的线性回归参数统计表

氮素	坡度	产流方式	回归参数					
			R^2	p 值	截距	p 值	斜率	p 值
NH_4^+-N	5°	地表	0.571	<0.000 1	−3.17	<0.000 1	0.036	<0.000 1
		壤中	0.348	<0.000 1	−4.144	<0.000 1	1.808	<0.000 1
	10°	地表	0.513	<0.000 1	−3.312	<0.000 1	0.040	<0.000 1
		壤中	0.260	<0.000 1	−4.241	<0.000 1	1.411	<0.000 1
	15°	地表	0.492	<0.000 1	−2.893	<0.000 1	0.026	<0.000 1
		壤中	0.102	<0.000 1	−3.775	<0.000 1	0.757	<0.000 1
	20°	地表	0.670	<0.000 1	−3.183	<0.000 1	0.038	<0.000 1
		壤中	0.502	<0.000 1	−4.216	<0.000 1	1.837	<0.000 1
	全部处理	地表	0.521	<0.000 1	−3.318	<0.000 1	0.035	<0.000 1
		壤中	0.305	<0.000 1	−4.109	<0.000 1	1.558	<0.000 1
NO_3^--N	5°	地表	0.541	<0.000 1	−1.935	<0.000 1	0.035	<0.000 1
		壤中	0.403	<0.000 1	−1.672	<0.000 1	1.523	<0.000 1
	10°	地表	0.565	<0.000 1	−1.697	<0.000 1	0.024	<0.000 1
		壤中	0.449	<0.000 1	−2.126	<0.000 1	1.944	<0.000 1

续表

氮素	坡度	产流方式	回归参数					
			R^2	p 值	截距	p 值	斜率	p 值
$NO_3^- - N$	15°	地表	0.513	<0.000 1	−1.671	<0.000 1	0.025	<0.000 1
		壤中	0.127	0.001	−1.380	<0.000 1	0.720	0.001
	20°	地表	0.506	<0.000 1	−1.627	<0.000 1	0.022	<0.000 1
		壤中	0.461	<0.000 1	−1.652	<0.000 1	1.372	<0.000 1
	全部处理	地表	0.491	<0.000 1	−1.732	<0.000 1	0.027	<0.000 1
		壤中	0.338	<0.000 1	−1.727	<0.000 1	1.499	<0.000 1
TN	5°	地表	0.666	<0.000 1	−1.398	<0.000 1	0.048	<0.000 1
		壤中	0.525	<0.000 1	−1.500	<0.000 1	1.517	<0.000 1
	10°	地表	0.523	<0.000 1	−1.174	<0.000 1	0.035	<0.000 1
		壤中	0.417	<0.000 1	−1.787	<0.000 1	1.532	<0.000 1
	15°	地表	0.715	<0.000 1	−1.434	<0.000 1	0.051	<0.000 1
		壤中	0.276	<0.000 1	−1.336	<0.000 1	0.962	<0.000 1
	20°	地表	0.368	<0.000 1	−1.126	<0.000 1	0.025	<0.000 1
		壤中	0.424	<0.000 1	−1.493	<0.000 1	1.252	<0.000 1
	全部处理	地表	0.565	<0.000 1	−1.283	<0.000 1	0.040	<0.000 1
		壤中	0.411	<0.000 1	−1.547	<0.000 1	1.421	<0.000 1

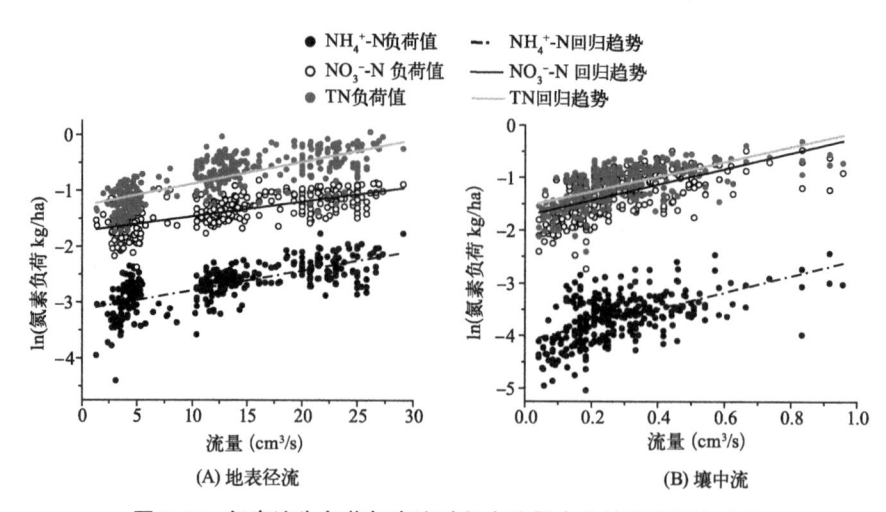

图 3.16 氮素流失负荷与产流过程中流量大小的线性回归关系

第四章 不同影响因子对紫色土坡地氮素运移和流失的作用

坡地氮素运移流失规律复杂,受到多种因素的影响。本章主要探讨降雨、坡度和土壤中初始氮素含量分布对紫色土坡地氮素运移和流失的作用。其中,降雨因子以降雨强度为主要代表;坡度以5°、10°、15°和20°为代表;初始氮素分布包括沿坡度方向上的均匀分布和非均匀分布,其中,均匀分布为沿坡度方向氮素含量一致,非均匀分布为坡脚和坡顶处氮素含量一致且高于坡中部氮素含量。

4.1 降雨对氮素流失的影响

4.1.1 地表径流携带氮素流失

如图 4.1 所示,各坡度下地表径流携带流失的氨氮浓度与雨强呈负相关,但中雨强(1 mm/min)与大雨强(1.8 mm/min)下的区别不明显;而流失负荷与雨强呈正相关。此试验中雨强作为变量,降雨时长都为 60 min,因此降雨量与雨强成正比。氨氮流失浓度随雨强增大而减小,可以说明雨强越大,雨量越大,径流量越大,对氨氮的流失浓度起到了稀释作用,而雨强增大对地表击溅携带氨氮的增强作用弱于大雨量对氨氮浓度的稀释作用。比较而言,流失负荷由流失浓度和流失径流量两部分组成,尽管氨氮流失浓度随雨强增大而减小,但氨氮的流失负荷却随雨强增大而增大,这也补充说明了大雨强下的大雨量造成的大地表径流流量是影响地表氨氮流失的主要因素。

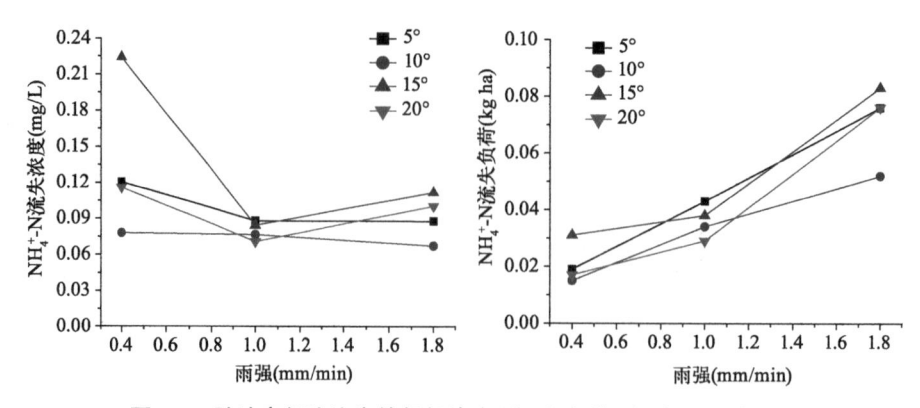

图 4.1 随地表径流流失的氨氮浓度(左)和负荷(右)与雨强关系图

如图 4.2 所示,在最小坡度即坡度为 5°时,硝态氮流失浓度和负荷在中雨强(1 mm/min)时出现最大值。其他坡度下,硝态氮流失浓度在中雨强下呈最小值,且与大雨强(1.8 mm/min)时的流失浓度相差不大;而流失负荷随雨强增大而增大,小雨强(0.4 mm/min)与中雨强下的流失负荷值相差不大。这说明在地表径流携带硝态氮流失的过程中,只在小坡度 5°或雨强在中等雨强及以下时,雨滴对地表硝态氮的击溅携带作用强于径流的稀释作用,流失浓度是流失负荷的主要来源。而当坡度大于 5°或雨强为大雨强时,降雨带来的地表径流则对硝态氮与氨氮一样以稀释作用为主。

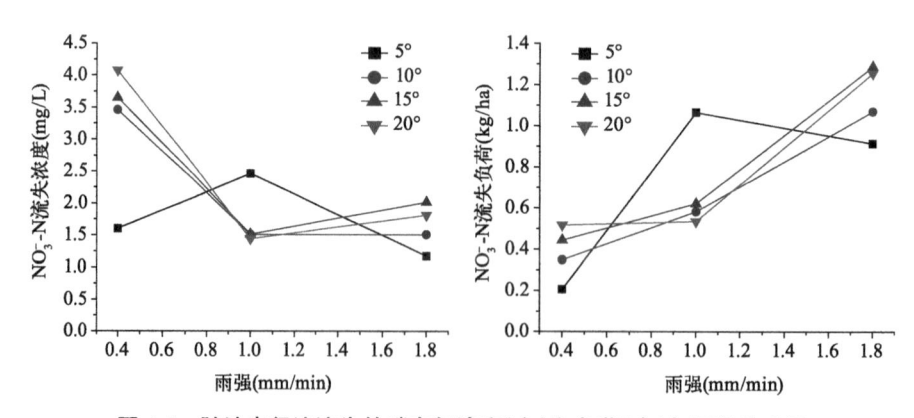

图 4.2 随地表径流流失的硝态氮浓度(左)和负荷(右)与雨强关系图

如图 4.3 所示,随地表径流流失的总氮浓度只在大坡度 20°时与雨强呈现显著负相关关系。在小于 20°坡度下,流失总氮浓度最大值在中雨强下发生,当雨强增大到大雨强时,5°时流失浓度明显减小,10°和 15°时流失浓度无明显变化。总氮流失负荷呈现随雨强增大而增大的趋势。根据以上结果可以看出,只在大坡度20°或大雨强下地表总氮流失浓度主要受降雨带来的稀释作用,其他降雨和坡度条件下,总氮流失的浓度受到大雨强下大的雨滴动能对地表氮素的击溅而随地表径流携带流失。流失负荷随雨强增大而增大,说明地表径流流失量是地表总氮流失的主要因素。

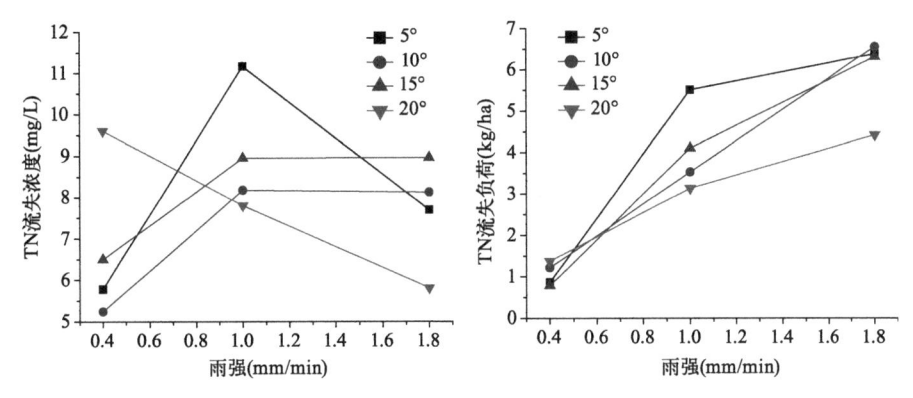

图 4.3 随地表径流流失的总氮浓度(左)和负荷(右)与雨强关系图

4.1.2 地表泥沙携带氮素流失

如图 4.4 所示,由地表泥沙携带的氨氮流失量随雨强增大而增大,由章节 3.2.1 中可知,地表泥沙流失与雨强呈显著正相关,而氨氮因自身阳离子被土壤团聚体阴离子所吸附,流失泥沙越多,则携带的氨氮越多,故氨氮随泥沙的流失量也与雨强呈现正相关性。

如图 4.5 所示,在小坡度 5°时,泥沙携带的硝态氮流失量在中等雨强下出现最大值,而在坡度为 10°、15°时泥沙携带硝态氮流失量随雨强增大而增大。硝态氮自身的负电荷属性与土壤颗粒相互排斥,故几乎不被土壤颗粒吸附,在章节 3.3.3 中也显示了极少部分的硝态氮通过侵蚀泥沙发生流失。因此,硝态氮随泥沙流失受雨强的作用与泥沙流失受雨强作用不完全一致。硝态氮随泥沙流失与泥沙携带的硝态氮量有关,并不是产沙越多携带的硝态氮越多。

如图 4.6 所示的总氮随泥沙流失量与雨强的关系揭示了雨强越大,随泥沙流失总氮量越大的规律。即雨强越大,泥沙流失量越大,泥沙携带总氮流失量越大。这表明泥沙携带总氮流失主要来源于泥沙流失数量。

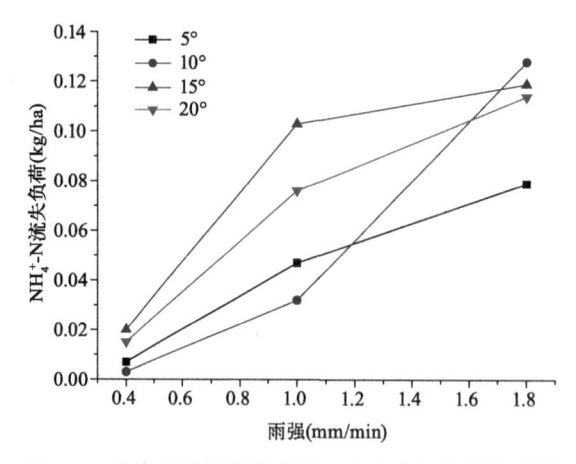

图 4.4 地表泥沙携带的氨氮流失负荷与雨强关系图

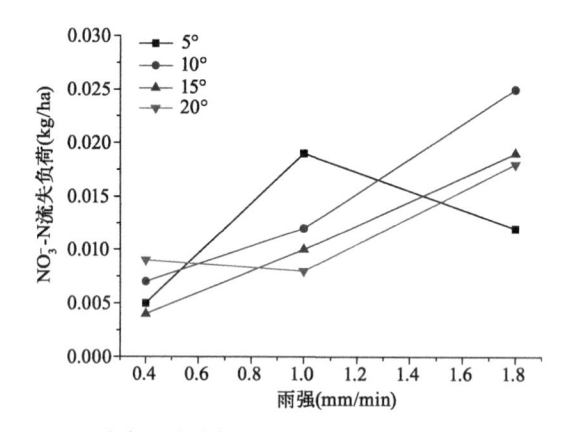

图 4.5 地表泥沙携带的硝态氮流失负荷与雨强关系图

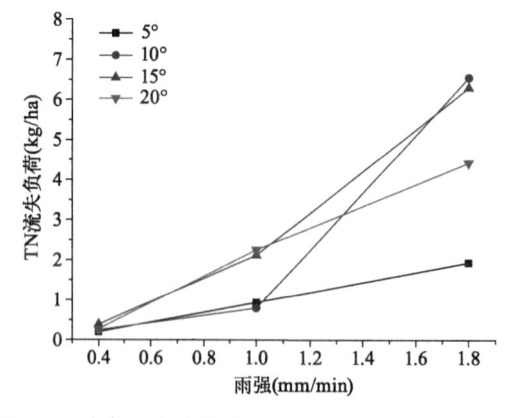

图 4.6 地表泥沙携带的总氮流失负荷与雨强关系图

4.1.3 壤中流携带氮素流失

由图 4.7、4.8 和 4.9 分别可以看出,氨氮、硝态氮和总氮随壤中流流失的浓度和负荷都与雨强呈负相关,即雨强越大随壤中流流失的氮素越稀少。其中,硝态氮流失浓度和负荷在小坡度 5°下的中雨强(mm/min)和大雨强(1.8mm/min)时差异不大。以上结果说明,小雨强更容易促进壤中流携带氮素流失的发生。小雨强下多数降雨通过入渗进入土壤,坡地土壤含水量能更均匀更长时间地保持在饱和状态(图 3.1),使得土壤水更有效地淋洗氮素并携带流失。

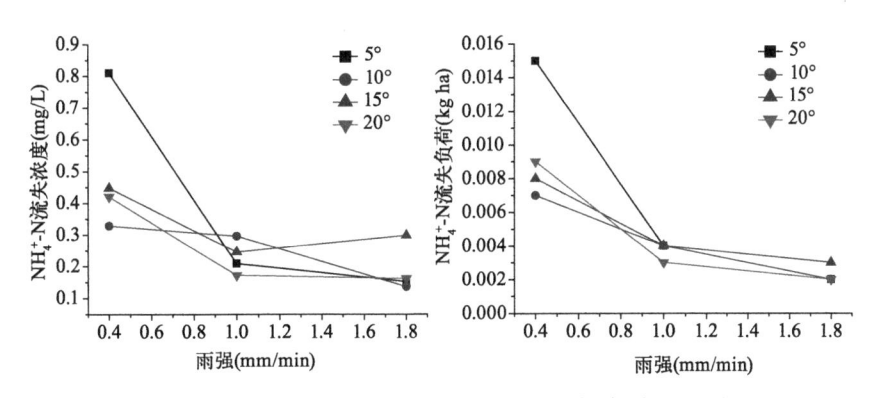

图 4.7 壤中流携带的氨氮流失浓度(左)和负荷(右)与雨强关系图

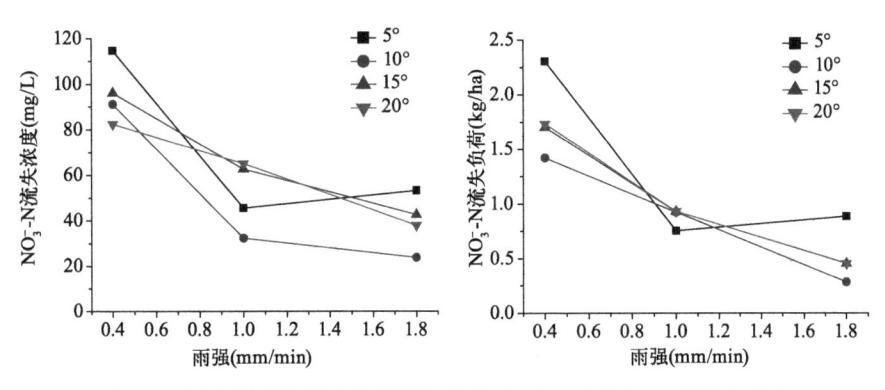

图 4.8 壤中流携带的硝态氮流失浓度(左)和负荷(右)与雨强关系图

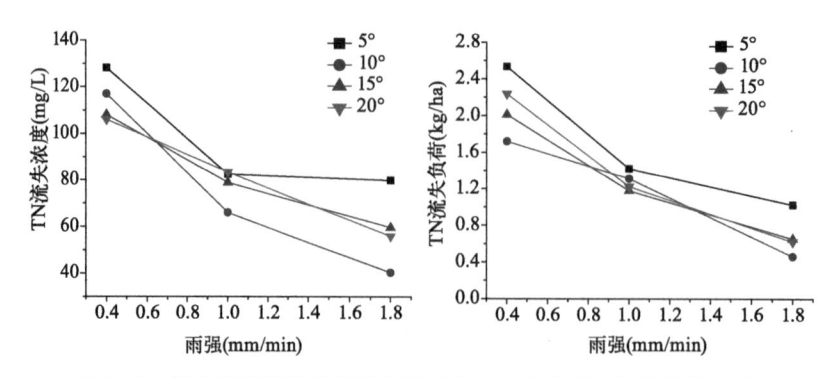

图 4.9 壤中流携带的总氮流失浓度(左)和负荷(右)与雨强关系图

4.2 坡度对氮素流失的影响

4.2.1 地表氮素流失

根据章节 3.2 中的图 3.10 可知地表径流流量大小不随坡度变化而变化，但是图 4.10 至图 4.12 显示了坡度对地表氮素流失的影响。如图 4.10 所示，除了在中雨强下，随地表径流流失的氨氮浓度和负荷在坡度为 10°时表现出最小值，在坡度为 15°时表现出最大值。

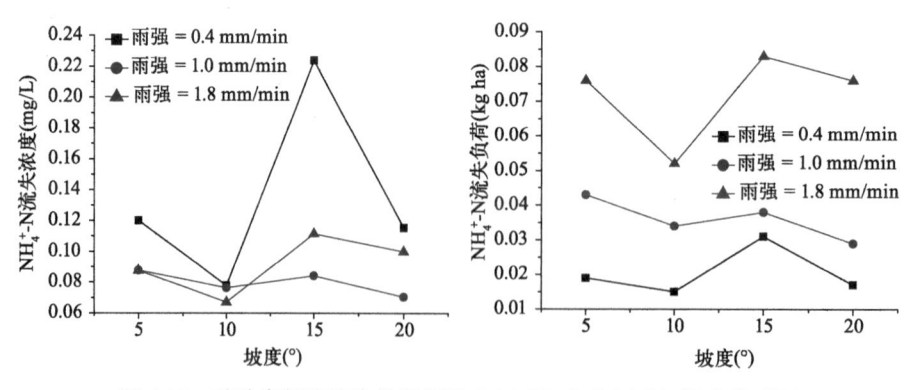

图 4.10 随地表径流流失的氨氮浓度(左)和负荷(右)与坡度关系图

图 4.11 揭示了各雨强下随地表径流流失的硝态氮浓度和负荷与坡度的关系。由该图可知，在小雨强(0.4 mm/min)和大雨强(1.8 mm/min)下硝态

氮的流失浓度和负荷随坡度增大而增大,而在中雨强(1 mm/min)下,小坡度 5°时流失浓度和负荷最大,较大坡度 10°、15°和 20°下流失较小且相差不大。综合来看,坡度对于地表流失的氮素浓度和负荷作用一致,但是对氨氮和硝态氮的流失作用存在差异。其中,坡度对于氨氮流失的影响与雨强无关,各雨强下氨氮随地表径流流失都在 15°时出现峰值;而坡度对于硝态氮流失的作用应结合雨强条件分析,在不同雨强下坡度对硝态氮地表流失的作用不同。

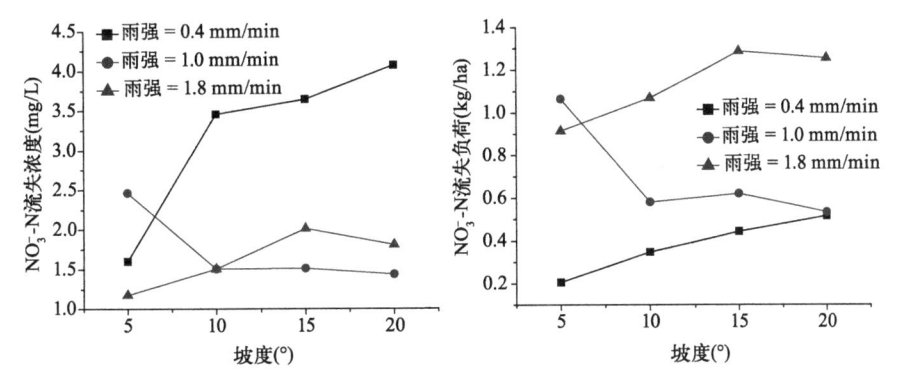

图 4.11 随地表径流流失的硝态氮浓度(左)和负荷(右)与坡度关系图

由图 4.12 可以看出,坡度对于地表径流携带总氮流失的作用更复杂。这是因为总氮包含了氨氮、硝态氮和各种有机氮,因此总氮的流失是不同形式氮素流失的综合体现,而氨氮和硝态氮通过地表径流流失在不同坡度下呈现出不同的规律。整体来看,除小雨强情况下地表总氮流失随坡度增大而增强,中等雨强和大雨强情况下地表总氮流失随坡度增大而减弱。

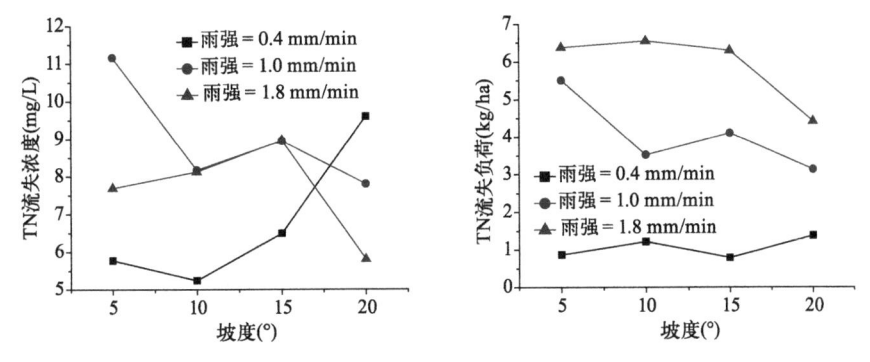

图 4.12 随地表径流流失的总氮浓度(左)和负荷(右)与坡度关系图

地表产沙率在坡度为15°的时候出现明显增长(图 2.6),泥沙携带氨氮流失对坡度的响应(图 4.13)与产沙率对坡度的响应一致,这也证实了章节 3.3.3 中所说明的氨氮主要通过地表泥沙携带发生流失。硝态氮随泥沙流失负荷未呈现出普遍性规律(图 4.14),这与硝态氮几乎不通过地表泥沙发生流失有关。同地表径流携带总氮流失一样,坡度对地表泥沙携带总氮流失的作用(图 4.15)是对氨氮、硝态氮和其他有机氮的综合影响。

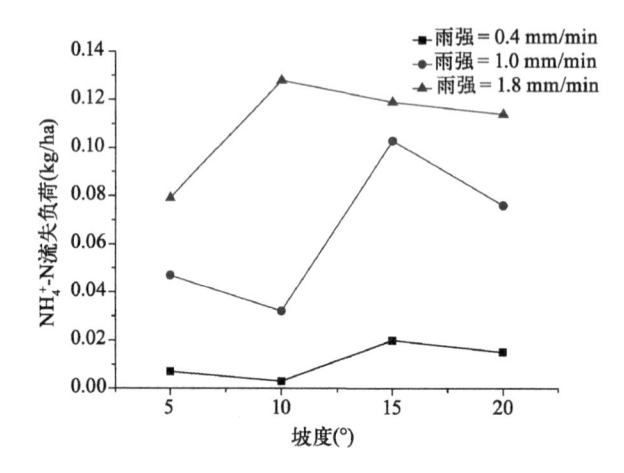

图 4.13 地表泥沙携带的氨氮流失负荷与坡度关系图

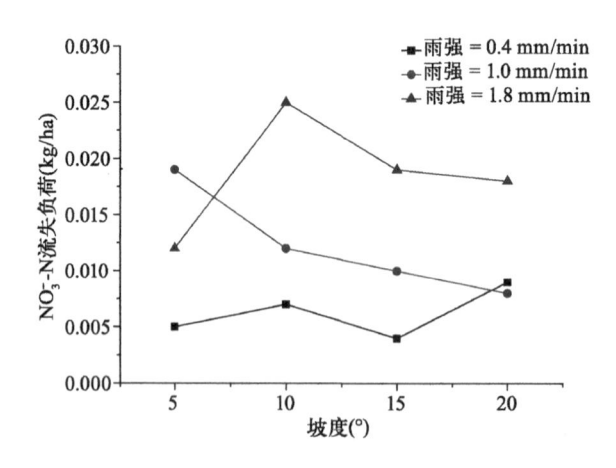

图 4.14 地表泥沙携带的硝态氮流失负荷与坡度关系图

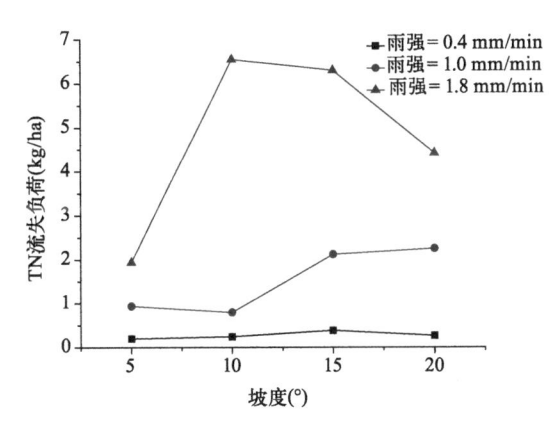

图 4.15 地表泥沙携带的总氮流失负荷与坡度关系图

4.2.2 地下氮素流失

如图 4.16 所示,在小雨强下氨氮随壤中流流失浓度及负荷在坡度为 10°时表现出最小值,而 10°时硝态氮流失浓度在中雨强和大雨强下表现出最小值(图 4.17),在小雨强和大雨强下流失负荷呈现最小值(图 4.17)。坡度对壤中流中总氮流失的作用表现出和硝态氮大致一样的规律(图 4.18)。总体看来,氮素随壤中流流失的浓度和负荷与随坡度的变化规律大致相同。但是,各个不同雨强下的坡度对壤中流中氮素流失的作用存在差异,这说明坡度对壤中流中氮素流失的作用是复杂多变的,和壤中流情况与坡度关系一样未表现出普遍的一般性规律。

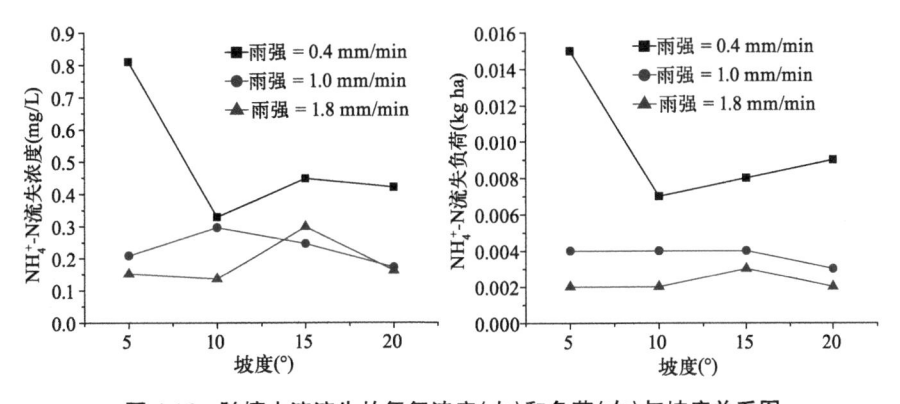

图 4.16 随壤中流流失的氨氮浓度(左)和负荷(右)与坡度关系图

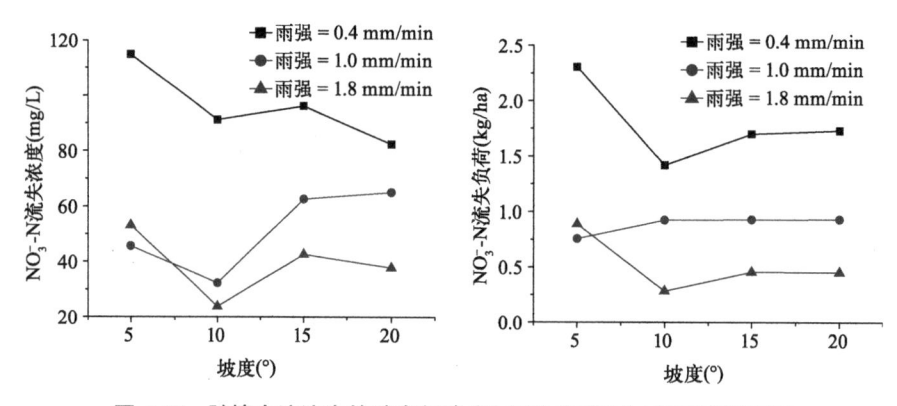

图 4.17　随壤中流流失的硝态氮浓度(左)和负荷(右)与坡度关系图

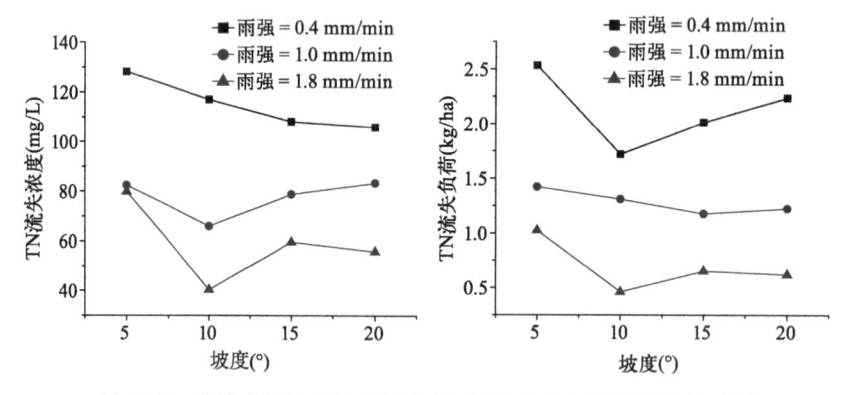

图 4.18　随壤中流流失的总氮浓度(左)和负荷(右)与坡度关系图

综上所述,坡度对氮素流失的作用规律性较弱,需结合降雨条件来分析其对氮素流失的作用。其中,地表径流携带氮素流失所受坡度的作用强于地下氮素流失所受到的坡度的影响,这与土壤中水流与氮素运移过程的复杂多变有关,同时也说明了坡度对壤中氮素流失的作用不明显。

4.3　初始氮素分布对氮素运移流失的影响

在本章节中,根据试验 3 中的施肥处理将土壤初始氮素分布分为均匀分布和非均匀分布两种,并绘图展示连续多次降雨下土壤中氮素含量的时空分布特征及其对壤中流中氮素流失的作用。

4.3.1 土壤中氮素变化的时空特征

如图4.19所示,整体看来,土壤水中的氨氮含量日趋减小。在观测期的前半阶段,土壤水中氨氮浓度随时间呈波动起伏。其中,初始氨氮均匀分布的土槽中氨氮浓度的波动幅度沿坡度向坡顶方向递减[图4.19(A)],而初始氮素非均匀分布的土槽中顺坡度方向各观测点的氨氮浓度波动幅度一致,只在坡顶处氨氮保持着最大浓度。在观测期的后半阶段,测定过程中检测不到氨氮浓度。对比两处理下的氨氮浓度,发现均匀分布下氨氮浓度的增长幅度要远大于非均匀分布下氨氮浓度的增长幅度。

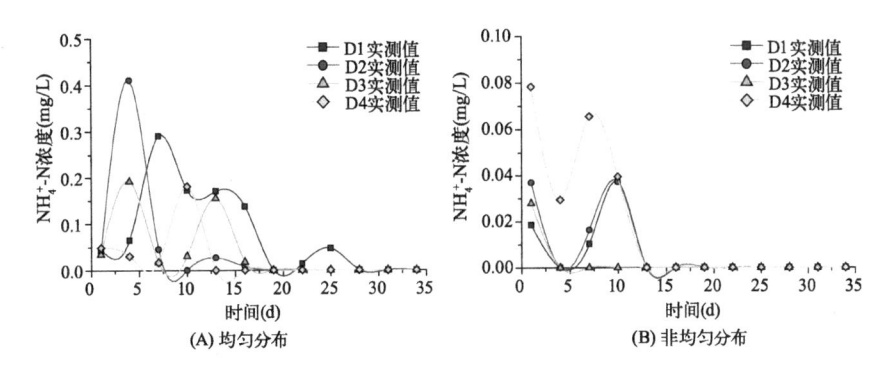

图4.19 初始氮素均匀分布和非均匀分布下土壤观测点氨氮浓度随时间的变化图

由图4.20可知,与氨氮的变化不同,土壤水中硝态氮浓度随观测天数表现出显著的衰减趋势,在观测后期浓度也呈不变的趋势。这说明间歇性多次降雨对土壤中氮素在20~25 d后的淋失作用减弱,这淋失作用与土壤中氮素含量和分布有关。对于均匀施肥处理下的硝态氮浓度变化,由图4.20(A)可以看出,在20 d后硝态氮浓度基本趋于稳定,因此对前20 d硝态氮浓度的衰减趋势进行线性拟合,得到不同观测点硝态氮浓度的减小速率,拟合趋势的决定系数R^2都达到了0.9以上,说明观测期前20 d土壤水中硝态氮浓度呈显著减小趋势。其中,拟合趋势的斜率的绝对值沿坡度向坡顶方向递减,在D1、D2和D3处的硝态氮减小速率差异不大,但都要明显大于坡顶的观测点D4处的减小速率。相比较而言,对于非均匀施肥下的土壤水硝态氮的减小速率[图4.20(B)]要明显小于均匀施肥处理下硝态氮的衰减。特别对于初始硝态氮非均匀分布下低浓度的D2和D3处,硝态氮的衰减速率

[D2：3.38 mg/(L·d);D3：3.23 mg/(L·d)]只有高初始氮素浓度均匀分布下衰减速率[D2：13.66 mg/(L·d);D3：12.68 mg/(L·d)]的约四分之一。同时,坡顶处的硝态氮浓度减小速率最大。除此以外,由硝态氮浓度的稳定值持续时间可以知道,多次降雨对于非均匀施肥下的土壤中硝态氮的淋失作用更持久。

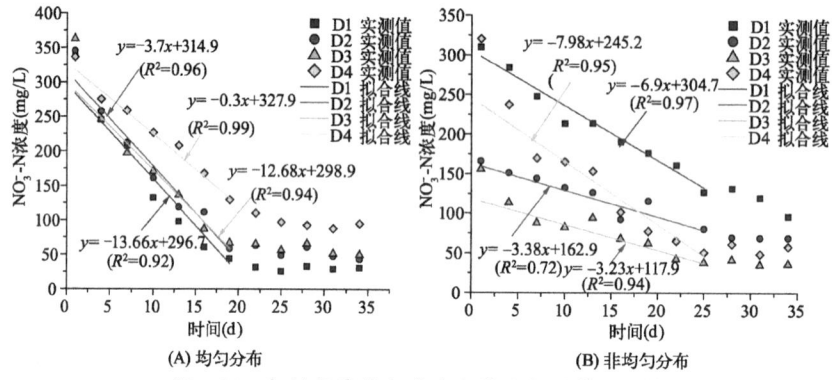

图 4.20 初始氮素均匀分布和非均匀分布下土壤观测点硝态氮浓度随时间的变化图

由图 4.21 可知,和氨氮和硝态氮的变化不同,土壤中总氮浓度在观测期内一直呈下降趋势,只是在观测前期下降速率要高于观测后期的下降速率,因此线性拟合的决定系数要低于硝态氮的拟合结果,但所有 R^2 都大于 0.5。对比图 4.21(A)和 4.21(B)可知,非均匀施肥处理下土壤水中总氮浓度随时间的减小速率要明显小于相同观测点的总氮含量在均匀施肥处理下的减小速率。

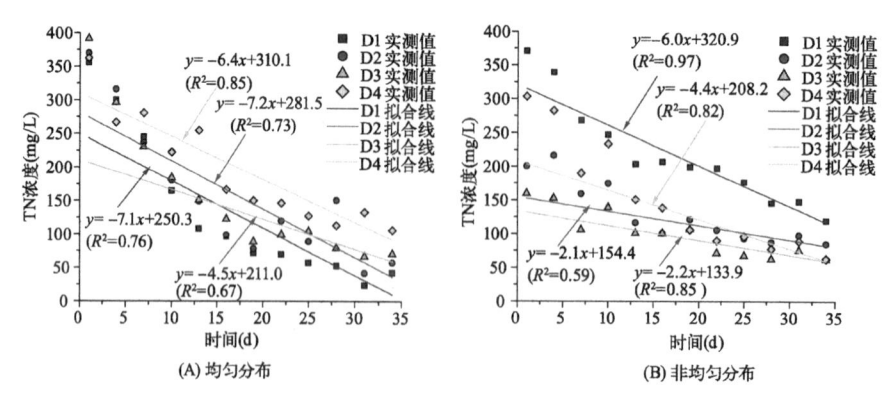

图 4.21 初始氮素均匀分布和非均匀分布下土壤观测点总氮浓度随时间的变化图

根据以上氨氮、硝态氮和总氮在均匀和非均匀施肥两种处理下的时空变化特征,非均匀施肥下的初始氮素非均匀分布在一定程度上减弱了氮素随时间的减小速率。初始低浓度处的氮素减小速率要显著低于初始高浓度氮素的减小速率。这与降雨对土壤氮素的淋失作用和坡地中氮素的浓度梯度有关。

4.3.2 硝态氮在土壤中的分布与地下流失的联系

由图 4.22 可知,对于初始硝态氮沿坡度方向均匀分布的情况,土壤沿坡度方向的硝态氮浓度随时间减小,且逐渐呈现坡脚低浓度、坡顶高浓度的分布趋势。而在初始硝态氮非均匀分布情况下,硝态氮沿坡度方向上的分布由起初的坡脚坡顶高浓度、坡中低浓度分布向坡脚高浓度、坡顶低浓度分布

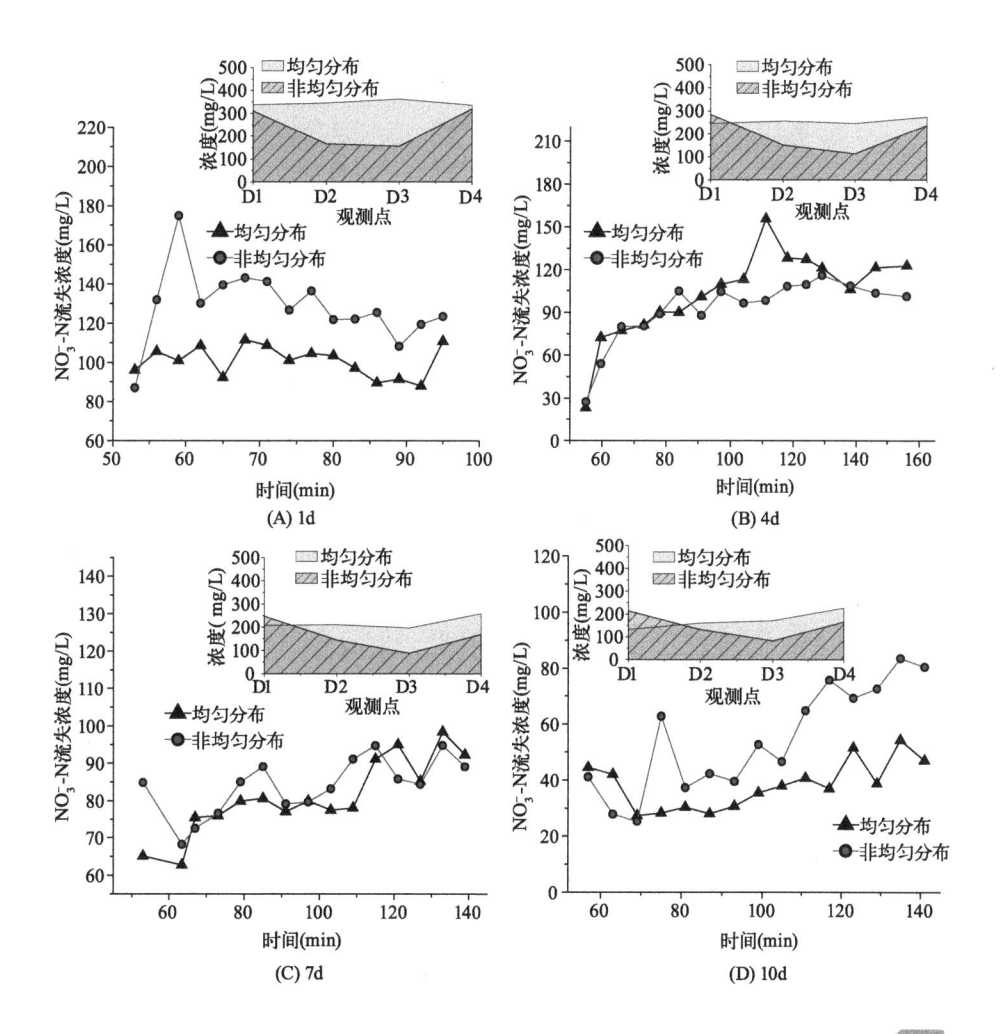

(E) 13d

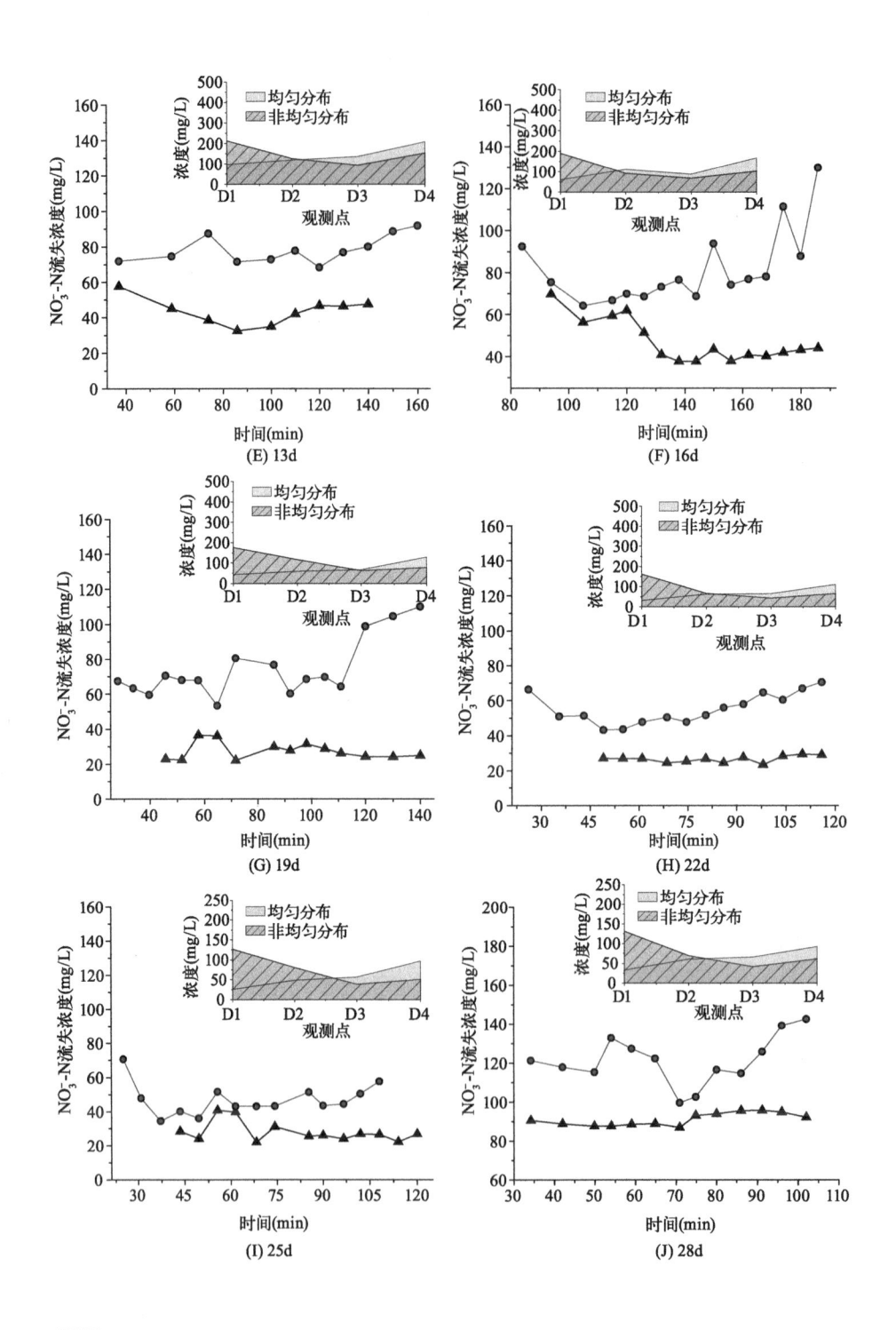

(F) 16d

(G) 19d

(H) 22d

(I) 25d

(J) 28d

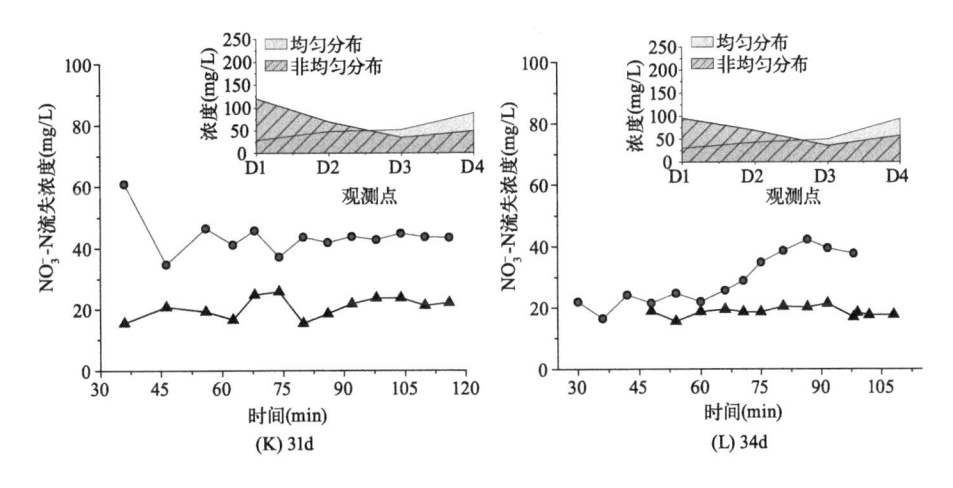

图 4.22 不同时间次降雨下通过壤中流流失的硝态氮浓度和土壤中硝态氮浓度的分布图

转变。这说明不同施肥方式下的初始氮素含量分布会产生不同的硝态氮淋失的时空特征。结合硝态氮通过壤中流流失的过程来看,在第 4 天[图 4.22(B)]和第 7 天[图 4.22(C)]降雨下,两种不同初始浓度分布处理下硝态氮流失的浓度差异最小,几乎呈相同的流失过程。但是在其他时间的降雨下,两种处理下的氮素流失浓度表现出明显差异,初始硝态氮非均匀分布下的流失浓度要高于均匀分布下的流失浓度。在第 7 天后表现出这种情况,主要与非均匀分布处理下坡脚处的较高硝态氮浓度有关,而在第 1 天时出现这种差异,则主要与非均匀分布处理下的浓度梯度有关。

对于初始硝态氮均匀分布下的流失过程,在第一次降雨下未表现出明显的增长或减小趋势,而在第 2 次和第 3 次降雨下流失浓度则表现出明显的随时间增长趋势,在第 4 次降雨时增长趋势减弱,在第 5 次和第 6 次降雨时开始呈减小的变化,在后续的 6 次降雨下硝态氮随壤中流流失的浓度稳定不变。在初次降雨时土壤初始含水量较低,降雨对土壤中硝态氮的初次淋失也不够充分,因此硝态氮流失浓度在随后的 2 次降雨淋失下才出现浓度增大的过程,而紧接着的降雨对土壤中硝态氮的淋失作用出现冲淡的效果,直到硝态氮浓度稀释到最小值并保持不变。相比较而言,对于初始硝态氮非均匀分布的土槽,硝态氮流失浓度在流失过程中增长的趋势持续到了第 7 次降雨。这说明降雨对土槽初始两端高浓度、中部低浓度分布的硝态氮的淋失作用强于对初始氮素沿坡度均匀分布下硝态氮的淋失作用。

4.4 各影响因子对壤中氮素流失的综合评价

以上从降雨、坡度和土壤中初始氮素分布因素探讨了它们对紫色土坡地中氮素流失的影响。根据 3.3.3 章节中所述壤中流以携带硝态氮和总氮为主,且 4.2.2 章节中说明坡度对壤中流中的氮素流失影响无普遍性规律,而降雨下氮素流失过程与产流过程联系密切。因此,采用面板数据法(随机效应面板回归法)来探究在长时间序列(所有降雨 34 d)和短时间序列(每场降雨过程 60 min)中通过侧向壤中流流失的氮素(硝态氮和总氮)浓度和负荷分别与雨强、产流流量、产流时长和土壤中氮素分布的关系(见表 4.1 和表 4.2)。

4.4.1 变降雨条件的长时间序列

如表 4.1 所示,在长期的多次降雨观测中,硝态氮和总氮流失指标与雨强的关系系数都为负值,且 p 值都小于 0.05,说明通过壤中流流失的氮素与降雨强度呈显著负相关,且总氮受降雨强度的影响大于硝态氮所受的影响。流失过程中的流量与氮素流失浓度和负荷成正相关($p>0.05$),这与 3.4 章节中展示的流量大小与氮素流失的关系一致。考虑到流失发生时间对氮素流失负荷的影响,在回归预测氮素流失负荷模型中加入壤中流持续时间这一参数,结果显示壤中流产流持续时间对硝态氮和总氮流失负荷的影响系数分别为 -0.003($p>0.05$)和 -0.002($p>0.05$)。由此可见,在长期流失预测中,产流要素(流量和产流持续时间)对于壤中氮素地下流失的作用都不显著。

坡脚处(D1 观测点)的氮素浓度对硝态氮和总氮流失浓度及负荷的影响系数都大于零($p<0.05$),即坡脚处的氮素浓度越高,则流失的氮素就越多。坡中(D2 观测点)的氮素浓度对硝态氮和总氮流失浓度及负荷的影响系数都小于零($0.037<p<0.529$),鉴于 p 值较大,D2 处分布的氮素浓度对地下氮素流失的负作用不显著。同样,靠近坡顶处(D3 和 D4 观测点)的氮素浓度对硝态氮和总氮流失浓度和流失负荷的影响不显著($0.053<p<0.919$),且影响系数无规律。由此可知,对于沿坡度方向分布的氮素含量,只有坡脚处的氮素浓度分布对壤中流携带的氮素流失起到了显著的促进作用。这说明紫色土坡地通过壤中流流失的氮素取决于靠近流失发生区域的土壤氮素含量。从整体上看,各因素对长时间序列下壤中流流失氮素的影响的综合评价极显

第四章　不同影响因子对紫色土坡地氮素运移和流失的作用

表 4.1　长时间序列下面板回归预测模型中各因子影响系数与 p 值统计表

变量	影响系数						p 值					
	RI	FDI	D1	D2	D3	D4	FDU	整体	RI	FDI	D1	D2	D3	D4	FDU

变量	RI	FDI	D1	D2	D3	D4	FDU	整体	RI	FDI	D1	D2	D3	D4	FDU
NO_3^--N 浓度	−29.14	52.36	0.267	−0.355	0.215	−0.050	/	0.0000	0.002	0.369	0.001	0.183	0.364	0.671	/
TN 浓度	−40.19	27.41	0.198	−0.158	0.139	−0.177	/	0.0000	0.000	0.609	0.001	0.399	0.419	0.053	/
NO_3^--N 负荷	−0.421	0.295	0.005	−0.004	−0.001	0.002	−0.003	0.0000	0.026	0.805	0.001	0.529	0.919	0.452	0.429
TN 负荷	−0.777	1.692	0.006	−0.010	0.006	−0.001	−0.002	0.0000	0.000	0.202	0.000	0.037	0.155	0.584	0.667

注：RI 为降雨强度（mm/min）；FDI 为壤中流过程中的流量（cm³/s）；D1、D2、D3 和 D4 分别为观测点的氮素浓度（mg/L）；FDU 为壤中流的持续时间（min）；/ 表示未在计算内的项。

表 4.2　短时间序列下面板回归预测模型中各因子影响系数与 p 值统计表

变量	影响系数						p 值					

变量	RI	FDI	D1	D2	D3	D4	整体	RI	FDI	D1	D2	D3	D4
NO_3^--N 浓度	−2.064	−48.499	0.312	−0.197	0.123	0.018	0.0000	0.599	0.000	0.002	0.545	0.662	0.869
TN 浓度	−23.25	−45.93	0.191	0.176	−0.142	−0.113	0.0000	0.000	0.000	0.006	0.38	0.449	0.258

注：各变量含义同表 4.1。

著($p<0.0001$)。这说明通过分析以上影响因子对氮素流失的作用可以较好地预测壤中流携带的氮素。

4.4.2 单次降雨的短时间序列

如表4.2所示,因短时间序列中时间节点为单次降雨中分布的接样时刻,所以对于单个时间节点不存在流失负荷,因此短时间序列中更注重氮素流失浓度的变化。对短时间序列下硝态氮和总氮随壤中流流失浓度与各影响因子(雨强、产流流量和沿坡度方向的氮素浓度分布)做面板数据回归,结果表明以上影响因子对硝态氮和总氮流失的整体作用极显著($p<0.0001$)。

根据表4.2中所列,降雨强度与硝态氮和总氮流失浓度之间的影响系数都为负值,但只与总氮呈显著负相关。与长时间序列下的回归结果相比,预测精度下降,因此降雨对坡地氮素流失的作用在长期的观测中更可靠。与长时间序列下的流量对氮素流失的回归结果相反,在短时间序列下产流流量大小与氮素流失浓度呈显著负相关($p<0.001$)。长时间序列下流量大小对氮素流失的影响不显著且氮素流失随流量增大而增强。这是因为在长时间序列中,壤中流流量大小的取值为短时间序列中流量大小的均值,而在短时间序列中流量过程呈峰值变化,因此长时间序列中的预测精度比短时间序列中的预测精度低。除此以外,在短时间序列中的每个时间节点上流量大小对氮素流失浓度有显著负影响,由此可以看出,瞬时流量对流失的氮素起到稀释的作用;而从长期的流失结果来看,壤中流流量起到了促进氮素流失的作用。

与长时间序列中预测结果类似,在坡脚处分布的氮素浓度与地下氮素流失呈显著正相关($p<0.05$),而沿坡度向坡顶处其余观测点分布的氮素对壤中氮素流失的影响无显著规律。

4.4.3 壤中硝态氮运移和流失的相互关系

因地表氮素流失只涉及地表薄层土壤中氮素的携带过程,而壤中流携带氮素流失过程涉及土壤水和溶质在土壤中的运移,因此本研究更注重氮素在土壤中的运移特征与随壤中流流失的联系。

在间歇性多次降雨的长期观测中,壤中流携带氮素流失浓度和土壤中氮素分布浓度一样日趋减小(图4.22)。根据以上面板数据回归预测模型结果揭示的只有坡脚处分布的氮素显著促使其通过壤中流流失,而在图4.22中初始氮素均匀分布条件下坡脚处的硝态氮浓度减少得最快,非均匀分布处理下减少得最慢,初始氮素均匀分布下硝态氮往坡脚处迁移的量要少于非均匀分布下的硝态氮迁移量,因此均匀分布处理下硝态氮通过壤中流流失的浓度也要普遍小于非均匀分布处理。土壤中氮素的运移与壤中流携带的氮素流失通过流失发生处的氮素含量相互联系,虽然氮素流失与远离流失断面的坡地中的氮素含量无显著相关性,但是远离流失断面的土壤水中硝态氮浓度影响着坡脚处硝态氮的浓度分布从而影响地下氮素流失结果。

第五章 坡地氮素运移及流失的数值模拟

紫色土坡地氮素运移与流失的数值模拟主要包括对地表径流携带氮素流失过程的模拟、对氮素在土壤水中运移的时空特征模拟以及对壤中流携带氮素流失过程的模拟三个部分。

5.1 数值模拟的理论方法

本书所探究的氮素在坡地土壤中的运移及流失过程较为复杂多变(如图5.1所示),故本书应用数值模拟流失过程,对氮素迁移通过地表和地下流失

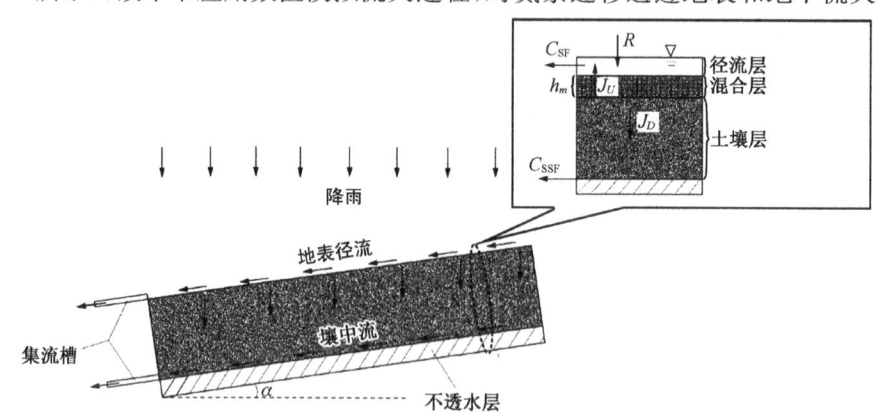

注:R为降雨强度(mm/min);h_m为有效混合深度(cm);C_{SF}为地表径流携带的溶质浓度(mg/L);J_U和J_D分别表示土壤层向上和向下迁移的通量[mg/(cm²·min)];C_{SSF}为壤中流携带的溶质浓度(mg/L)。

图5.1 紫色土坡地氮素运移流失过程示意图

分别进行数值模拟,更有利于理解紫色土坡地氮素流失机理及过程。具体地,地表径流携带氮素流失的过程采取并改进有效混合深度模型进行模拟,而氮素土壤中运移和地下流失过程则基于 HYDRUS-2D 数值模拟软件构建模型进行。

5.1.1 地表径流携带氮素流失的数学模型

对紫色土坡地地表径流携带氮素流失的过程,本书应用由 Ahuja[51]提出的有效混合深度模型与试验数据进行对比分析。

假设在饱和透水土壤表面存在恒定的降雨强度 R,并忽略地表沉降和积水。假设降雨和土壤水在有效混合深度内是瞬时且完全的混合,那么在有效混合深度内可溶性化学物质的质量平衡方程可以表示成

$$\frac{d(h_m \cdot \theta_s \cdot C)}{dt} = -RC \tag{5.1}$$

式中,h_m 是有效混合深度(cm);C 是地表径流中的氮素浓度(mg/L);θ_s 是饱和含水量(cm^3/cm^3);R 是降雨强度(cm/min);t 是时间(min)。

式(5.1)中假定了有效混合深度以下的溶质不会通过扩散和其他方式向混合深度中迁移,对于不变的有效混合深度 h_m 和饱和含水量 θ_s,整合式(5.1)可以得到:

$$C = C_0 \exp\left(\frac{-Rt}{h_m \cdot \theta_s}\right) \tag{5.2}$$

式中,C_0 为初始浓度值(mg/L)。

以上雨水和土壤水是完全充分混合的,但在实际情况中,雨水、地表径流和土壤水在混合区并不会完全充分地混合。因此,假设在有效混合区内混合参数为 δ,并且有效混合深度内水分入渗程度为 α,那么得到新的质量平衡方程:

$$\frac{d(h_m \cdot \theta_s \cdot C)}{dt} = -\alpha(R-Q)C - \delta QC \tag{5.3}$$

式中,Q 为地表径流速率常数(cm/min)。

式(5.3)定义了地表径流中的溶质浓度为 δC,但是有效混合区内的溶质浓度为 C,因此整合该式,可以得到地表径流中的浓度

$$\delta C = \delta C_0 \exp\left[\frac{-\alpha R + (\alpha - \delta)Q}{h_m \cdot \theta_s} t\right] \tag{5.4}$$

考虑到土壤颗粒对溶质的吸附作用,将吸附项加入质量平衡方程(5.1),得到下式:

$$\frac{d(h_m C(\theta_s + \rho_s k))}{dt} = -RC \tag{5.5}$$

式中,ρ_s 是土壤容重(g/cm³);k 为土壤对溶质的吸附系数(cm³/g);

其中吸附-解吸附过程用线性等温吸附线[124]来表示:

$$C_s = k_l C_L \tag{5.6}$$

式中,C_s 是吸附在土壤颗粒上的溶质浓度(g/g);k_l 是等温吸附系数(cm³/g);C_L 是土壤溶液中的溶质浓度(g/mL)。

采用 Philip 入渗公式[125](5.7)对式(5.3)和(5.4)中所描述的地表径流和土壤水分入渗过程进行描述:

$$i = \frac{1}{2} A t^{-0.5} \tag{5.7}$$

式中,i 为入渗速率(cm/min),A 为吸附系数(cm/min$^{0.5}$)。

因此,降雨过程中的土壤入渗速率可以表达为:

$$\begin{cases} i = R & t \leqslant t_p \\ i = \frac{1}{2} A(t - t_0) & t > t_p \end{cases} \tag{5.8}$$

式中,t_0 为入渗时间差,$t_0 = \left(\frac{S}{2r}\right)^2$;其中,$S$ 为吸湿率,r 为降雨强度(mm/min);t_p 是开始产流时刻(min)。

那么,地表径流速率可以表达成:

$$\begin{cases} Q = 0 & t \leqslant t_p \\ Q = R - \frac{A(t-t_0)^{0.5}}{t} & t > t_p \end{cases} \tag{5.9}$$

联立式(5.4)、式(5.5)、式(5.6)和式(5.9)得到:

$$C(t) = C_0 \exp\left[\frac{-\delta R t - (\alpha - \delta) A (t - t_0)^{0.5}}{h_m (\theta_s + \rho_s k_l)}\right] \quad (5.10)$$

当降雨、地表径流和土壤水在有效混合深度区内完全混合时，$\alpha = \delta = 1$，得到以下完全混合深度模型[52]：

$$C(t) = C_0 \exp\left[-\frac{(t - t_p) R}{h_m (\theta_s + \rho_s k_l)}\right] \quad (5.11)$$

Ahuja[51,122]曾在研究中指出有效混合深度(h_m)随时间呈现递增的趋势，且增大速率随时间增加而减小。但是在其研究中取h_m为定值来研究溶质向地表径流迁移的过程。在利用该有效混合深度模型模拟地表径流携带氮素流失的过程中，h_m是影响过程趋势的一个重要影响因子。降雨初期，有效混合深度随着雨滴对土壤表面的击打而逐渐增大。而随着土壤表面积水形成地表径流，土壤表面形成了一层密封水层，减弱了混合深度增大的速率。因此，我们利用式(5.12)将公式(5.11)中的定值h_m替换为随时间增大的值：

$$h_m = h_0 + h_n \ln\left(\frac{t - t_p}{t'} + 1\right) \quad (5.12)$$

式中，h_0是初始有效混合深度值(cm)；h_n是混合深度参数(cm)；t'是降雨持续时间(min)。

将式(5.12)代入式(5.11)中，整理得到模拟氮素随地表径流迁移的溶质变有效混合深度模型：

$$C(t) = C_0 \exp\left\{-\frac{(t - t_p) R}{\left[h_0 + h_n \ln\left(\frac{t - t_p}{t'} + 1\right)\right](\theta_s + \rho_s k_l)}\right\} \quad (5.13)$$

5.1.2 地下氮素运移及流失的数学模型

氮素在土壤水中的运移过程复杂多变，流失机理和过程也无法直观获得。因此本书借助土壤水溶质运移的对流弥散方程对紫色土坡地地下氮素运移及流失过程进行模拟。因本试验中土槽属于回填土，不具备大孔隙特征，故采用单孔隙水力模型和传统对流弥散方程对紫色土坡地进行沿坡度方向的土壤剖面氮素迁移过程和流失特征的模拟。其中，考虑变饱和多孔介质中水的二维均匀流动，忽略空气相在液体流动过程中的作用，基于Richards

方程进行修正,得到以下控制流动方程:

$$\frac{\partial \theta}{\partial t} = \frac{\partial}{\partial r_i}\left[K\left(A_{ij}\frac{\partial h}{\partial r_j} + A_{iz}\right)\right] - S \tag{5.14}$$

$$K(h, x, z) = K_s(x, z)K_r(h, x, z) \tag{5.15}$$

式中,θ 是土壤体积含水量(L^3/L^3);t 是时间(T);A_{ij} 是无量纲各向异性张量,r_i 是空间坐标,$i=1, 2, r_1=x, r_2=z, j=1, 2, A_{11}=A_{xx}, A_{12}=A_{xz}$;$h$ 是压力水头(L);S 是汇项(T^{-1});K 是非饱和导水函数(L/T),由式(5.15)得到;K_s 是饱和导水率(L/T);K_r 是相对导水率(L/T)。

非饱和土壤水力特性 $\theta(h)$ 和 $K(h)$ 通常是压力水头 h 的非线性函数,van Genuchten[152]根据 Mualem 的统计孔径分布模型[153]以土壤持水参数的形式建立了非饱和导水函数的预测方程:

$$\theta(h) = \begin{cases} \theta_r + \dfrac{\theta_s - \theta_r}{[1 + |\alpha h|^n]^m} & h < 0 \\ \theta_s & h \geqslant 0 \end{cases} \tag{5.16}$$

$$K(h) = K_s S_e^L \left[1 - (1 - S_e^{1/m})^m\right]^2 \tag{5.17}$$

式中,θ_r 和 θ_s 分别为残余含水量和饱和含水量(L^3/L^3);α 为进气值逆值(L^{-1});K_s 为饱和导水率(L/T);S_e 是有效含水量(L^3/L^3),$S_e = \dfrac{\theta - \theta_r}{\theta_s - \theta_r}$;$n$ 是粒径分布指数;L 为土壤连通性参数;α、n、L 为影响水力函数形状的经验参数,$m = 1 - 1/n$,$n > 1$。

溶质运移模拟所利用的二维对流弥散方程如下:

$$\theta R_e \frac{\partial c}{\partial t} = \theta D_{ij} \frac{\partial^2 c}{\partial r_i^2} - q_i \frac{\partial c}{\partial r_i} - \mu_w \theta c \tag{5.18}$$

式中,R_e 是阻滞因子,$R_e = 1 + \dfrac{\rho k_d}{\theta}$,其中,$k_d$ 是经验吸附系数(L^3/M);c 是土壤中硝态氮溶液质量浓度(M/L^3);D_{ij} 是弥散系数(L^2/T),q_i 是水流通量(L/T);r_i 是空间坐标,$i=1, 2, r_1=x, r_2=z, j=1, 2, D_{11}=D_{xx}, D_{12}=D_{xz}$;$\mu_w$ 是一阶降解常数(T^{-1})。

对水流和溶质运移的非齐次偏微分方程的求解需要根据实际的初始条件和边界条件求出数值解,而通常的离散方法有有限差分法和有限单元法[65,154]。在 HYDRUS-2D[131,155,156] 地下水及溶质运移模拟软件中,利用伽辽金有限单元法(Galerkin Finite Elements)对研究对象进行离散,而后根据模型实际的初始和边界条件以及水和溶质运移参数的输入对模型进行数值模拟。这种方法需要适当的空间和时间离散,以防止数值振荡,实现可接受的质量平衡误差。近些年来,HYDRUS-2D 已经被广泛应用于模拟农田中氮素在土壤中迁移和流失动态[143,157,158]并取得较好的模拟结果。HYDRUS-2D 软件因其可视化友好的人机界面,通过二维的动态展示能够有助于理解坡地地下氮素在不同处理中的运移过程,并深入理解地下发生氮素流失的机理。因此,本书通过在 HYDRUS-2D 中构建二维模型,对紫色土坡地壤中的氮素运移及流失过程进行数值模拟。

在本次构建的模型中,有限单元网格划分如图 5.2 所示。将模型按实际土槽中材料的分布分为紫色土区和岩石层区,如图 5.3 所示。水流边界条件分布如图 5.3 所示。

图 5.2 模型的有限单元划分图

$$\left| K\left(A_{ij}\frac{\partial h}{\partial x_j}+A_{iz}\right)n_i \right| \leqslant E, \quad h_A \leqslant h \leqslant h_s \tag{5.19}$$

式中,n_i 为法向边界的外向单位向量的分量;E 为当前大气条件下最大的潜在入渗速率或蒸发速率(L/T);h 为地表的压力水头(L);h_A 和 h_S 分别为普遍土壤条件下允许的最小和最大压力水头(L)。

$$-\left[K\left(A_{ij}\frac{\partial h}{\partial x_j}+A_{iz}\right)\right]n_i=\sigma_1(x, z, t), \quad (x, z)\in\Omega_N \tag{5.20}$$

式中,σ_1 为 x、z、t 的法定函数;Ω_N 为纽曼边界范围。

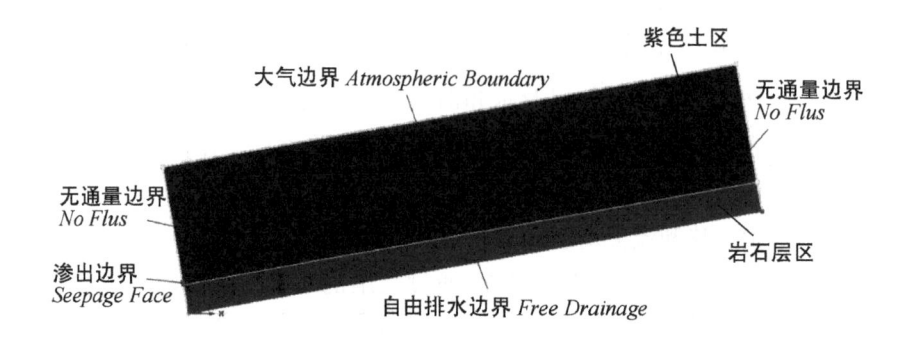

图 5.3 模型分区及边界条件设置图

在水流边界条件中,上边界的大气边界条件(式 5.19)是在满足边界供水强度小于等于入渗时的定通量边界条件,由程序根据输入的实际的边界供水强度进行计算。自由排水边界(式 5.20)则用单位总垂直水力梯度(即零压力水头梯度)模拟自由排水,常用作底流出流边界。渗流边界用来定义饱和水流的出流,即压力水头小于零时,水流通量为零。在本次构建的模型中,因模拟不同入渗能力的土壤层与岩石层之间所产生的壤中流,在出流处设置1 cm长的渗流边界。

无通量水流边界的溶质边界为第一类(Dirichlet)边界条件(式 5.21),其余溶质边界为第三类(Cauchy)边界条件(式 5.22)。

$$c(x,z,t) = c_0(x,z,t), \quad (x,z) \in \Omega_D \tag{5.21}$$

式中,c_0 为初始溶质浓度(M/L^3);Ω_D 为狄利克雷边界范围。

$$-\theta D_{ij} \frac{\partial c}{\partial x_j} n_i + q_i n_i c = q_i n_i c_0, \quad (x,z) \in \Omega_C \tag{5.22}$$

式中,$q_i n_i$ 代表了出流通量(L/T);Ω_C 为柯西边界范围。

在溶质运移中,液相中弥散分量 D_{ij}^w 根据方程(5-23)[159]计算:

$$\theta D_{ij}^w = D_r |q_D| \delta_{ij} + (D_L - D_T) \frac{q_j q_i}{|q_D|} + \theta D_w \tau_w \delta_{ij} \tag{5.23}$$

式中,D_w 为自由水中分子扩散系数(L^2/T);τ_w 为液相中的弯曲因子;q_D 为达西流通量密度(L/T);δ 为 Kroneckerδ 函数(当 $i=j$ 时,$\delta_{ij}=1$;当 $i \neq j$ 时,$\delta_{ij}=0$);D_L 和 D_T 分别为纵向和横向弥散度(L)。

模型运行的初始条件根据实际问题中的实际值进行设置。模型中的土壤水力参数以及氮素运移和反应参数根据实测数据进行逆向校准。本研究中的各次试验模拟初始值以及参数设置在下文中根据实际问题具体说明。

5.2 随地表径流流失氮素的数值模拟分析

5.2.1 模型参数率定结果

在章节 3.3.3 中可以看出地表径流对氨氮、硝态氮和总氮的流失都起到了一定作用,因此本研究中针对地表径流携带氮素流失过程展开数值模拟,揭示地表径流携带氮素流失过程机理。根据传统的混合深度模型(式 5.12)和本书改进的变有效混合深度模型(式 5.13),对地表径流携带的氮素流失过程进行模拟比较,并与实测值进行对比分析。

表 5.1 所列参数为模拟过程中所用到的参数,原则上模拟的初始浓度 C_0 采用的是实测值的初始浓度值,但是鉴于氨氮和总氮在降雨初期快速下降的流失特征不明显,因此在模拟中增大初始浓度数值来获得更好的模拟效果。参数 h_m 和 h_0 是在模拟过程中根据实测值校准的参数值。除此以外,模型中的饱和含水率 θ_s 为 0.493 cm³/cm³,土壤容重 ρ_s 为 1.35 g/cm³,氨氮、硝态氮和总氮吸附系数分别为 2.34、0.83 和 2.06 cm³/g,均由试验测定来确定[160]。

表 5.1 地表径流携带氮素流失模拟的参数表

处理 [坡度(°)/雨强 (mm/min)]	C_0 (mg/L)			t_p (min)	h_m (cm)	h_0 (cm)
	NH_4^+-N	NO_3^--N	TN			
5/0.4	0.258	4.648	8.815	2.5	0.43	0.062
10/0.4	0.180	11.356	18.900	2.0	0.38	0.055
15/0.4	1.688	10.426	22.238	1.5	0.36	0.023
20/0.4	0.227	14.005	18.188	1.3	0.35	0.017

续表

处理 [坡度(°)/雨强 (mm/min)]	C_0(mg/L)			t_p (min)	h_m (cm)	h_0 (cm)
	NH_4^+-N	NO_3^--N	TN			
5/1.0	0.170	7.489	19.813	1.0	1.43	0.626
10/1.0	0.130	4.460	17.450	1.0	1.28	0.334
15/1.0	0.200	4.875	15.375	1.0	1.19	0.328
20/1.0	0.140	3.049	11.738	0.91	1.12	0.652
5/1.8	0.119	1.965	10.700	0.67	5.08	2.883
10/1.8	0.085	2.700	12.238	0.58	4.05	1.532
15/1.8	0.193	7.541	13.700	0.50	2.03	1.093
20/1.8	0.188	5.085	9.200	0.58	1.82	0.843

注：C_0 为初始浓度(mg/L)；t_p 为实际开始产流时刻(min)；h_m 是传统的混合深度模型中的有效混合深度(cm)；h_0 为变有效混合深度模型中的初始有效混合深度值(cm)。

5.2.2 模拟值与实测值的结果对比

5.2.2.1 传统有效混合深度模型

图 5.4 显示了不同降雨及坡度条件下应用传统的有效混合深度模型对地表氨氮流失过程的模拟情况。由图 5.4 可知，有效混合深度模型的模拟过程几乎呈线性下降趋势，初始浓度越高，下降得越快，对于初始阶段有明显下降趋势且波动小(雨强为 0.4 mm/min，坡度为 5°)的过程模拟结果较好($R^2 = 0.8836$, $p < 0.001$)。表 5.2 中统计了地表氨氮流失模拟的精度指标。

图 5.5 显示了不同降雨及坡度条件下应用传统的有效混合深度模型对地表硝态氮流失过程的模拟情况。由图 5.5 可知，硝态氮的模拟过程呈指数型下降趋势，即初期流失速率最大，流失过程中流失速率一直呈减小趋势。这与实际观测的硝态氮流失趋势吻合，且在小雨强下模拟精度较高($R^2 = 0.724$, $p < 0.001$)。但随着雨强增大，模型对初期硝态氮流失浓度快速下降的阶段的模拟明显变差，使得模拟精度变低。表 5.3 中统计了硝态氮流失模拟的精度指标。

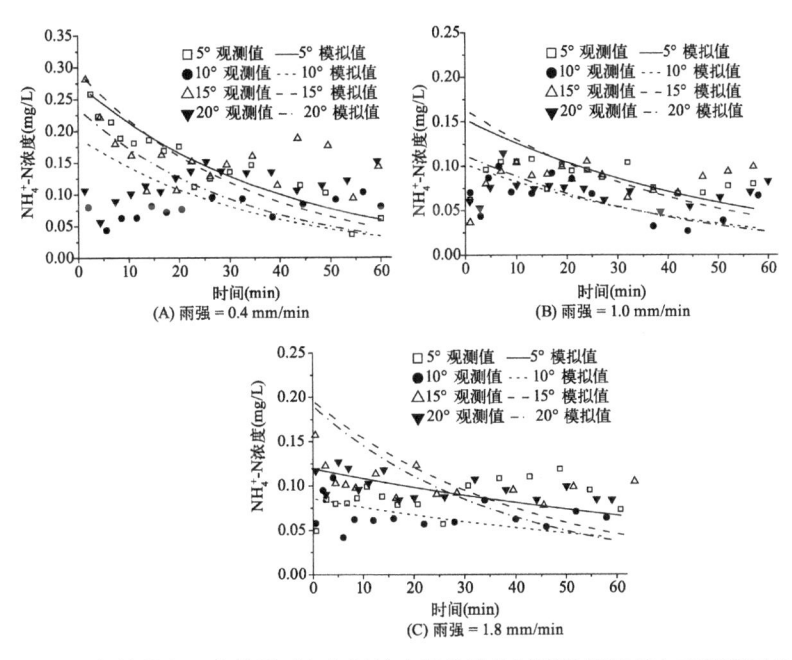

图 5.4　有效混合深度模型对氨氮随地表径流流失过程的模拟值与实测值对比

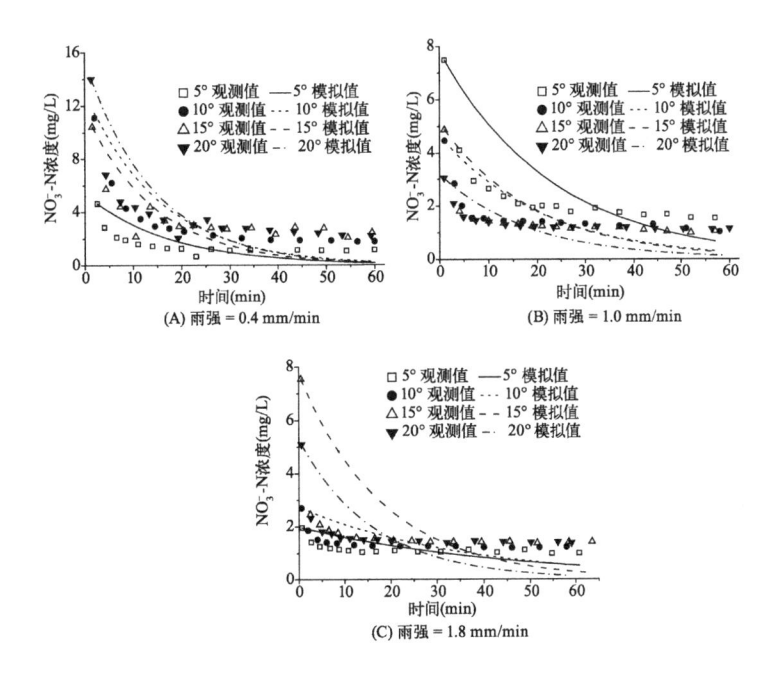

图 5.5　有效混合深度模型对硝态氮随地表径流流失过程的模拟值与实测值对比

表 5.2 模型模拟氨氮随地表径流流失的精度评价指标统计表

处理 [坡度(°)/雨强 (mm/min)]	有效混合深度模型 R^2(p 值)	有效混合深度模型 RMSE (mg/L)	有效混合深度模型 E_{NS}	变有效混合深度模型 R^2(p 值)	变有效混合深度模型 RMSE (mg/L)	变有效混合深度模型 E_{NS}
5/0.4	0.883 6(<0.001)	0.022 7	0.843	0.770 2(<0.001)	0.029 9	0.728
10/0.4	0.384 1(0.018)	0.061 0	−14.97	0.165 4(0.149)	0.032 1	−3.334
15/0.4	0.309 6(0.025)	0.363 3	−0.734	0.587 3(0.001)	0.204 0	0.523
20/0.4	0.427 2(0.006)	0.075 1	−9.09	0.208 6(0.125)	0.045 9	−2.414
5/1.0	0.130 8(0.169)	0.030 1	−2.11	0.377 0(0.004)	0.030 3	0.27
10/1.0	0.283 1(0.050)	0.023 1	0.067	0.480 0(0.001)	0.030 5	0.609
15/1.0	0.047 2(0.419)	0.013 9	−2.74	0.561 3(0.001)	0.045 9	0.549
20/1.0	0.039 4(0.461)	0.028 8	−2.67	0.222 8(0.177)	0.033 6	0.397
5/1.8	0.211 0(0.073)	0.030 9	−2.01	0.220 4(0.067)	0.046 5	0.259
10/1.8	0.043 8(0.473)	0.019 8	−0.369	0.058 7(0.404)	0.027 4	−1.54
15/1.8	0.017 8(0.622)	0.052 9	−3.22	0.033 0(0.501)	0.053 3	−0.29
20/1.8	0.345 9(0.017)	0.043 5	−8.31	0.344 9(0.017)	0.044 5	−2.67

注：R^2 为决定系数，最优值为 1；RMSE 为均方根误差(Root Mean Square Error, RMSE)，最优值为 0；E_{NS} 为 Nash-Suttcliffe 系数，最优值为 1。

第五章 坡地氮素运移及流失的数值模拟

表 5.3 模型模拟硝态氮随地表径流流失的精度评价指标统计表

处理 [坡度(°)/雨强 (mm/min)]	有效混合深度模型 R^2(p 值)	有效混合深度模型 RMSE (mg/L)	有效混合深度模型 E_{NS}	变有效混合深度模型 R^2(p 值)	变有效混合深度模型 RMSE (mg/L)	变有效混合深度模型 E_{NS}
5/0.4	0.666 5(<0.001)	0.912 8	0.420	0.955 5(<0.001)	0.237 2	0.935
10/0.4	0.804 7(<0.001)	1.626 7	0.501	0.984 0(<0.001)	0.324 3	0.983
15/0.4	0.686 3(<0.001)	1.836 0	0.158	0.920 9(<0.001)	1.114 3	0.690
20/0.4	0.738 8(<0.001)	2.217 6	0.394	0.954 9(<0.001)	0.810 2	0.919
5/1.0	0.660 0(<0.001)	1.461 6	0.025	0.842 7(<0.001)	0.839 3	0.662
10/1.0	0.582 4(0.001)	0.990 5	0.286	0.862 4(<0.001)	0.721 0	0.319
15/1.0	0.515 7(0.002)	1.045 5	0.359	0.820 7(<0.001)	0.696 5	0.397
20/1.0	0.742 5(<0.001)	0.662 2	0.879	0.764 1(<0.001)	0.598 3	0.535
5/1.8	0.421 1(0.007)	0.375 3	0.352	0.460 0(0.002)	0.370 0	0.423
10/1.8	0.460 8(0.008)	0.580 5	0.221	0.620 2(0.001)	0.679 4	0.302
15/1.8	0.408 7(0.008)	2.095 3	0.042	0.537 5(0.001)	1.602 1	0.192
20/1.8	0.467 4(0.003)	1.188 3	0.081	0.663 5(<0.001)	0.990 9	0.258

图 5.6 显示了不同降雨及坡度条件下应用传统的有效混合深度模型对地表径流携带总氮流失过程的模拟情况。由图 5.4 至图 5.6 可知,模拟的总氮浓度的线性下降趋势弱于氨氮浓度的线性下降趋势但强于硝态氮浓度的线性下降趋势,且该模型对于前期快速下降和后期趋于稳定的总氮浓度模拟效果较差。由表 5.2 至表 5.4 可以看出,各处理下总氮和氨氮流失的模拟精度要差于硝态氮。由图 5.7 来看,硝态氮的模拟值和实测值的散点拟合最接近 1∶1 线,其次是氨氮。

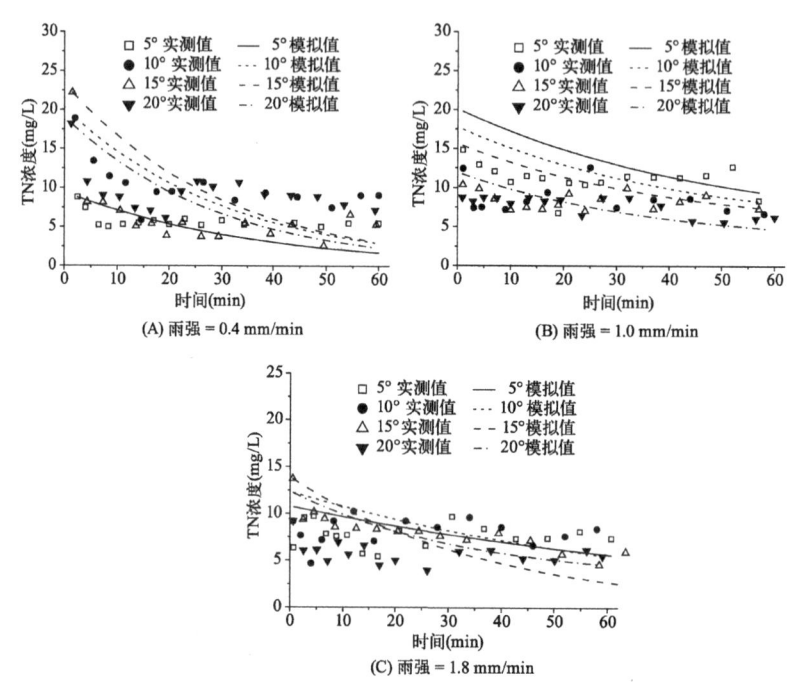

图 5.6 有效混合深度模型对总氮随地表径流流失过程的模拟值与实测值对比

5.2.2.2 变有效混合深度模型

由图 5.8 至图 5.10 可以看出,变有效混合深度模型对随地表径流流失的氨氮、硝态氮和总氮的模拟过程呈现出指数递减趋势,即流失速率随时间逐渐减小。在小雨强时[图 5.8(A)、图 5.9(A) 和图 5.10(A)],流失初期的快速递减最为显著。随着雨强增大,初始混合深度 h_0 也成倍数递增(表 5.1),模拟的精度也在递减(表 5.2 至表 5.4)。整体来看,变有效混合深度模型对初期氮素浓度的快速下降的模拟要优于传统的有效混合深度模型。雨强越大,径流初期氮素浓度的下降幅度越小,使得变有效混合深度模型的模拟精度下降。

表 5.4 模型模拟总氮随地表径流流失的精度评价指标统计表

处理 [坡度(°)/雨强 (mm/min)]	有效混合深度模型			变有效混合深度模型		
	R^2(p 值)	RMSE (mg/L)	E_{NS}	R^2(p 值)	RMSE (mg/L)	E_{NS}
5/0.4	0.257 2(0.045)	2.043 7	0.353	0.645 4(<0.001)	1.266 9	0.643
10/0.4	0.444 3(0.009)	3.859 4	0.692	0.771 3(<0.001)	1.487 1	0.749
15/0.4	0.415 0(0.007)	6.457 7	0.420	0.887 0(<0.001)	4.659 5	0.444
20/0.4	0.229 5(0.060)	4.242 3	0.159	0.692 4(<0.001)	1.391 0	0.573
5/1.0	0.132 6(0.166)	3.495 2	−0.103	0.415 2(0.009)	4.305 4	0.112
10/1.0	0.194 0(0.635)	3.399 0	0.177	0.418 3(0.007)	4.063 6	0.296
15/1.0	0.263 5(0.549)	4.472 0	0.128	0.344 1(0.006)	5.534 1	0.255
20/1.0	0.546 7(0.001)	3.109 7	0.306	0.478 2(0.003)	3.208 1	0.526
5/1.8	0.432 4(0.009)	2.194 6	0.025	0.455 8(0.920)	2.188 0	0.501
10/1.8	0.358 4(0.755)	2.965 3	−0.038	0.317 7(0.650)	3.711 4	−0.494
15/1.8	0.201 2(0.002)	2.868 2	−0.024	0.401 4(0.002)	3.437 2	−0.072
20/1.8	0.287 7(0.094)	2.332 9	−1.026	0.381 1(0.003)	2.690 3	−0.084

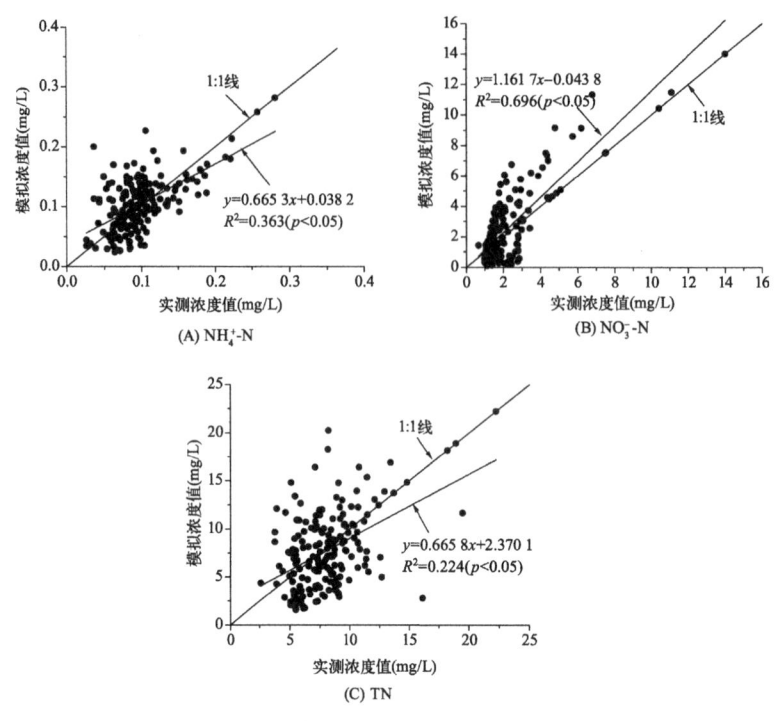

图 5.7　有效混合深度模型模拟值与实测值散点图

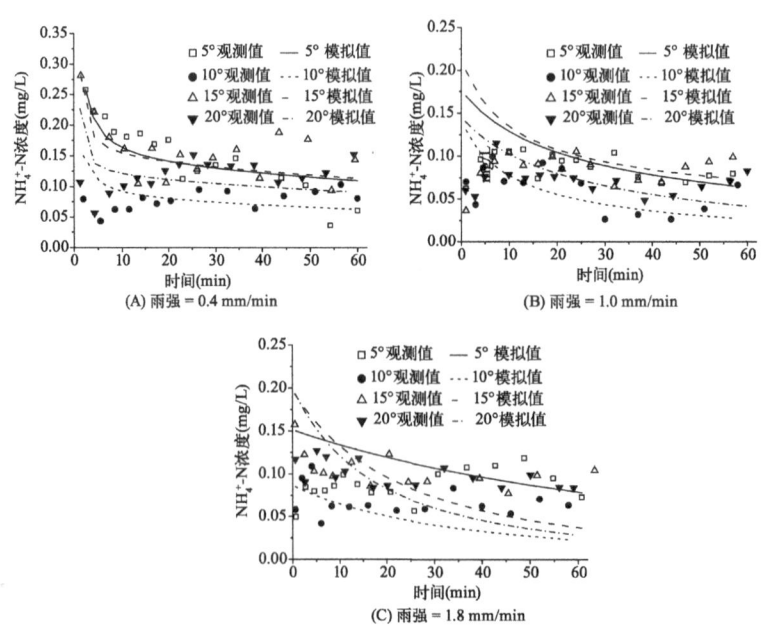

图 5.8　变有效混合深度模型对氨氮随地表径流流失过程的模拟值与实测值对比

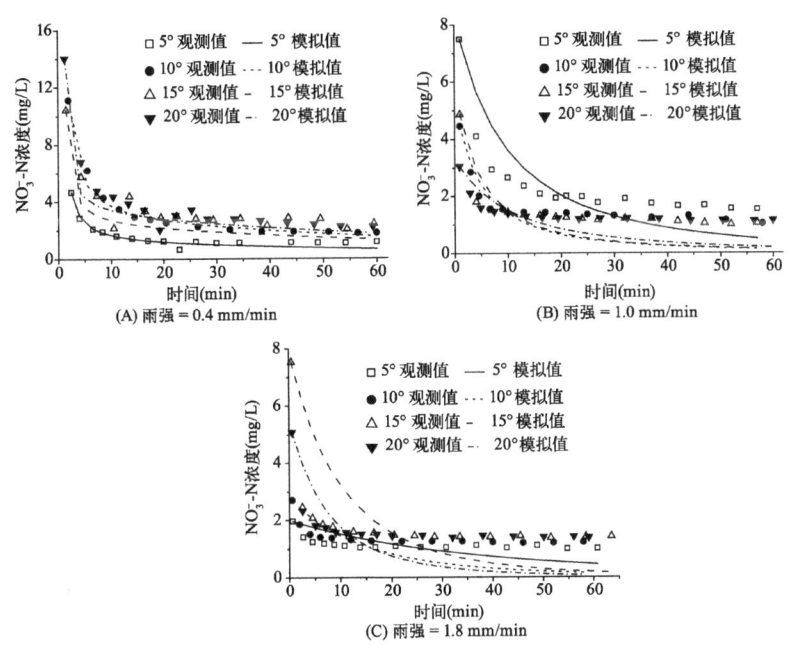

图 5.9 变有效混合深度模型对硝态氮随地表径流流失过程的模拟值与实测值对比

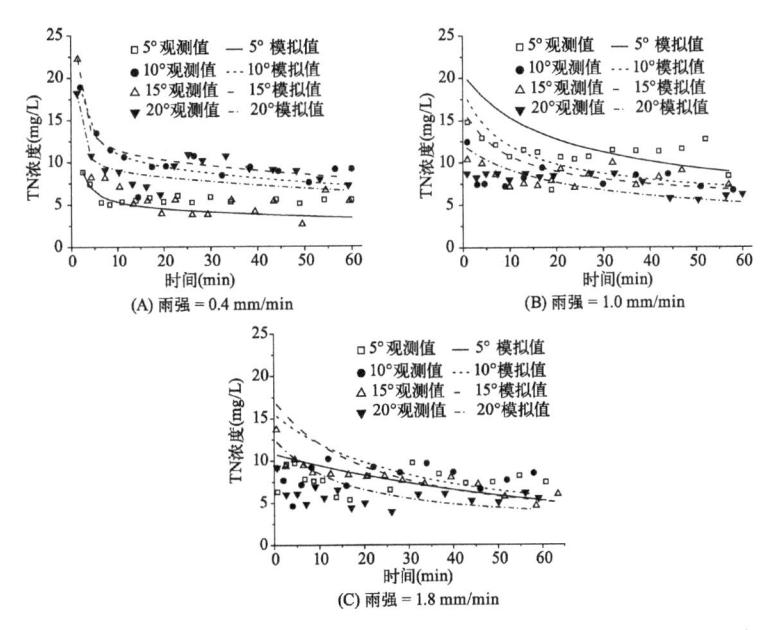

图 5.10 变有效混合深度模型对总氮随地表径流流失过程的模拟值与实测值对比

根据图 5.11,变有效混合深度模型中硝态氮的模拟值和实测值拟合关系为 $y=0.9996x-0.2675$($R^2=0.827$,$p<0.001$),模拟精度高于有效混合深度模型(图 5.7)。但是对于氨氮和总氮的模拟,变有效混合深度模型数值模拟的改进效果相对没么明显。这一方面与三种氮素流失的规律性有关,在 3.3.1 章节中已经得出:硝态氮随地表径流流失过程的规律性最强且误差最小。变有效混合深度模型对初期氮素浓度快速衰退的模拟更为优化,而在地表径流初期只有硝态氮浓度出现急速且大幅度的减小趋势。另一方面,在两模型模拟过程中,混合深度 h_m 是影响模拟结果的重要参数,使用同一个混合深度参数难以达到三种氮素的高精度模拟。因此,对于紫色土坡地地表氮素流失过程的模拟可以针对各种溶质设定不同的混合深度参数以取得更高的模拟精度。

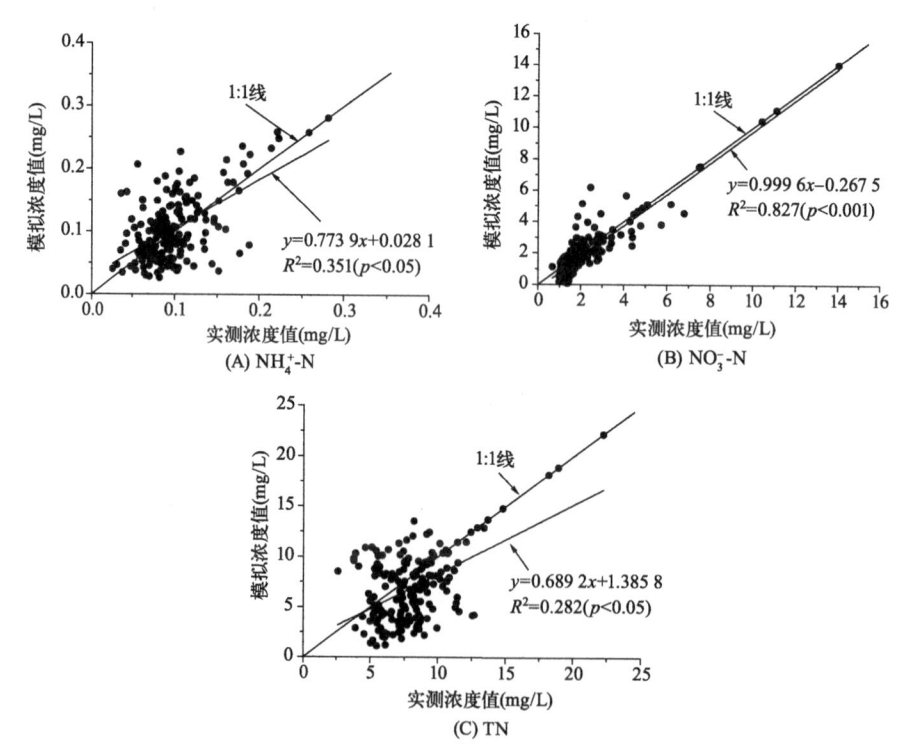

图 5.11 变有效混合深度模型模拟值与实测值散点图

5.3 随壤中流流失氮素的数值模拟分析

5.3.1 模型参数率定结果

由章节 3.3.3 中所述的各氮素的流失分布来看,壤中流携带氮素以硝态氮为主,因此本书对壤中流过程中氮素流失只针对硝态氮进行数值模拟。对壤中流携带硝态氮流失过程的模拟方法见章节 5.1.2。壤中流氮素浓度采用图 5.3 中渗流边界处氮素浓度。为简化模型运算,假设初始土壤含水量均匀分布,依据回填土的含水量($0.15 \text{ cm}^3/\text{cm}^3$)和预湿润时的灌溉水量(40 L)将初始土壤含水量均匀设置为 $0.25 \text{ cm}^3/\text{cm}^3$。土壤初始硝态氮浓度设置根据出流浓度进行调整。以下所有涉及 HYDRUS 模型的模拟中,基岩层的初始含水量和硝态氮浓度根据实际情况分别设置为 $0.05 \text{ cm}^3/\text{cm}^3$ 和 50 mg/L。模型参数设置见表 5.5。其中,对于水力参数 θ_r、θ_s、α、n 和 K_s,根据土壤粒径分布通过 Rosetta 模块[156]进行初步赋值,在模拟过程中进行参数校准。对基岩的水力参数设置参考 Schneider 等[161]的研究。孔隙连通性参数 L 一般设置为 0.5[153]。对于硝态氮在土壤剖面中的运移和反应参数设置参考 Li 等[162]的研究。

表 5.5 基于 HYDRUS 的模型模拟壤中流携带硝态氮流失过程中的参数

土壤分层	水运移参数					
	θ_r (cm^3/cm^3)	θ_s (cm^3/cm^3)	α (cm)	n	K_s (cm/min)	L
紫色土	0.026	0.413	0.018 3	1.5	0.049	0.5
基岩	0.001	0.069	0.015 5	1.5	0.003	0.5
土壤分层	溶质运移和反应参数					
	D_L (cm)	D_T (cm)	D_w (cm^2/min)	K_{dn} (min^{-1})		
紫色土	50	5	0.002	0.001		
基岩	50	5	0.002	0.001		

注:θ_r 为残余含水量;θ_s 为饱和含水量;α、n 为 VG 模型参数;K_s 为饱和导水率;L 为孔隙连通性参数;D_L 为纵向弥散度;D_T 为横向弥散度;D_w 为自由水中的分子扩散系数;K_{dn} 为反硝化速率。

5.3.2 模拟值与实测值结果对比

由图 5.12 可知,基于 HYDRUS 建立的模型模拟的壤中流携带硝态氮流失的浓度大多数情况下呈增长趋势,在 10°时,流失浓度几乎保持不变的态势,而小雨强在 5°时则出现浓度减小的趋势。

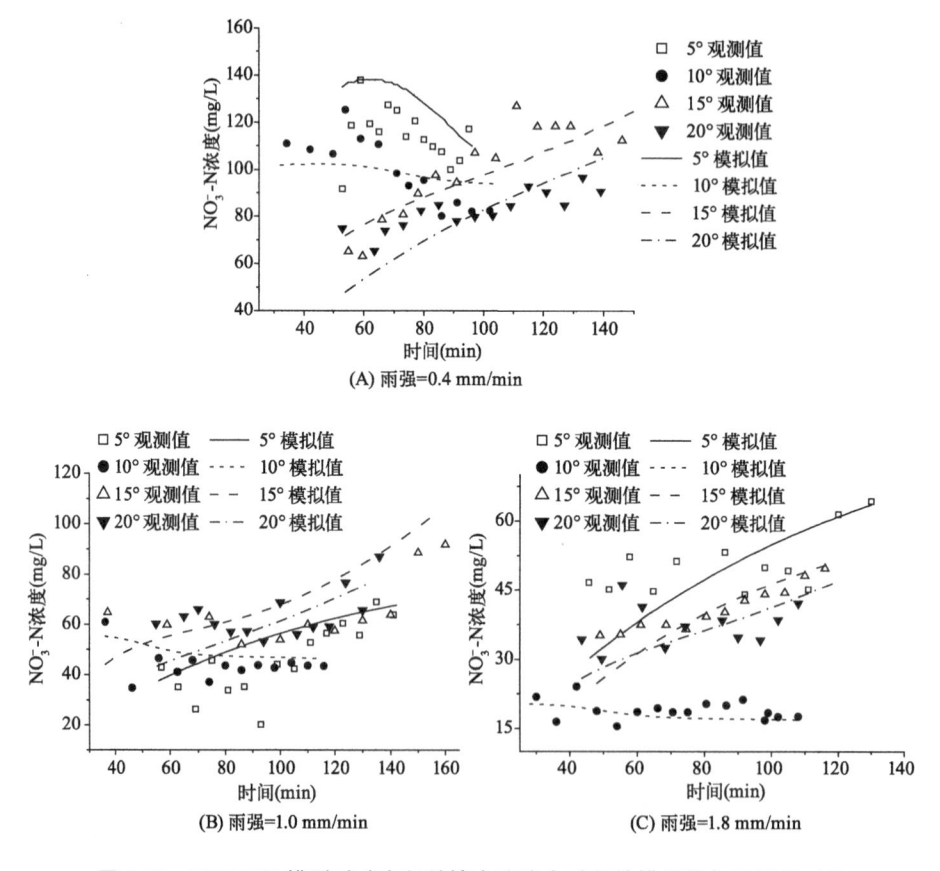

图 5.12 HYDRUS 模型对硝态氮随壤中流流失过程的模拟值与实测值对比

这与小雨强在 5°时出流中硝态氮浓度较高有关。而对于各雨强下 10°时的硝态氮流失过程,可以看出 10°是硝态氮随壤中流流失的一个临界坡度。由表 5.6 可知,除小雨强下坡度 5°、中雨强下坡度 10°和大雨强下坡度 20°之外,其余处理下模拟值与实测值都显著相关($p<0.05$),但 Nash-Suttcliffe 系数只在小雨强下坡度 15°($E_{NS}>0.5$)、中雨强和大雨强下坡度 5°($E_{NS}>$

0.65)时显示了满意的模拟效果。整体上看(图 5.13),模拟值与实测值的拟合度高($R^2=0.8807$,$p<0.001$),拟合趋势线十分接近 1∶1 线。

表 5.6　HYDRUS 模型模拟硝态氮随壤中流流失的精度评价指标统计表

雨强 (mm/min)	坡度 (°)	R^2(p 值)	MAE (mg/L)	RMSE (mg/L)	E_{NS}
0.4	5°	0.205(0.065)	15.653	18.182	−1.695
	10°	0.856(<0.001)	9.093	10.848	0.375
	15°	0.702(<0.001)	10.470	15.376	0.637
	20°	0.728(<0.001)	8.453	10.948	−0.922
1.0	5°	0.523(0.001)	10.493	13.419	0.964
	10°	0.207(0.054)	5.662	7.084	−0.471
	15°	0.496(0.002)	14.536	16.157	−0.699
	20°	0.274(0.043)	10.397	13.031	−1.237
1.8	5°	0.282(0.042)	7.708	9.309	0.979
	10°	0.330(0.035)	1.939	2.370	−0.257
	15°	0.870(<0.001)	2.833	3.634	0.410
	20°	0.116(0.114)	7.539	10.513	−0.678

注:R^2 为决定系数,最优值为 1;MAE 为平均绝对误差(Mean Absolute Error, MAE),最优值为 0;RMSE 为均方根误差(Root Mean Square Error, RMSE),最优值为 0;E_{NS} 为 Nash-Suttcliffe 系数,最优值为 1。

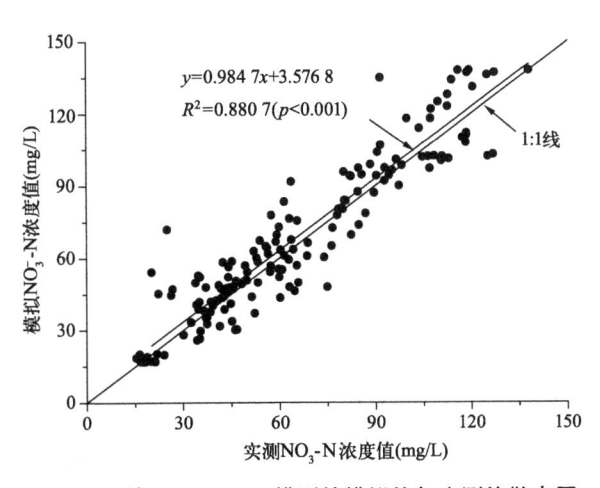

图 5.13　基于 HYDRUS 模型的模拟值与实测值散点图

5.4 土壤剖面氮素运移的数值模拟

如章节 3.1.2 所述,由于硝态氮的易溶性和强流动性,硝态氮在土壤水中的运移规律较为显著,且硝态氮是氮素在土壤水运移作用下通过壤中流发生流失的主要形式,因此本书通过在 HYDRUS-2D 模型中设置观测点对土壤中的硝态氮运移进行模拟。模拟过程中的参数设置参考表 5.5。土壤剖面观测点硝态氮的模拟与实测事件一致,主要分为单场降雨下短时间内硝态氮运移模拟和多次降雨下长期的硝态氮时空变化模拟。

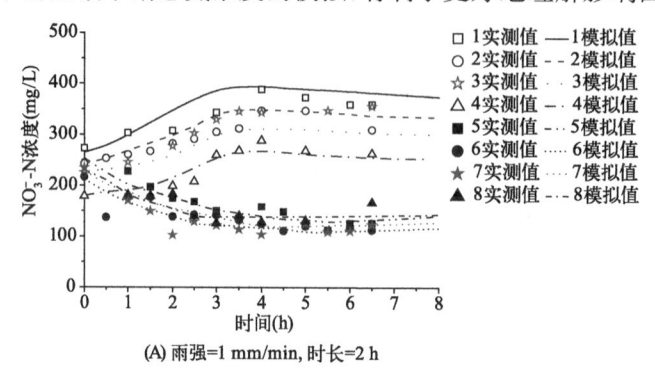

5.4.1 短历时土壤观测点硝态氮的模拟值与实测值对比

图 5.14 显示了坡度为 10°的坡地土壤中各个观测点(图 2.3)的硝态氮浓度值在单场降雨下变化的模拟情况。在该模拟过程中,初始土壤含水量设置为观测点处的土壤含水量探头收集的含水量均值 0.28 cm^3/cm^3,且在土壤剖面均匀分布。因在该试验中降雨前一天于坡地表面(300 kg/hm^2)撒施颗粒氮肥,因此土壤初始氮素浓度根据试验情况,在土壤表面第一层网格节点处设置为 400 mg/L,8 个观测点处初始浓度根据实际浓度设置,其余处初始硝态氮浓度在垂直方向上插值分布。

由图 5.14 中模拟数据可知,土壤中硝态氮浓度从降雨发生到降雨结束后 1 h 内出现变化,降雨结束 1 h 后硝态氮浓度处于稳定的状态。基于 HYDRUS-2D 的模型模拟出了硝态氮浓度变化的基本趋势和时空变化特征,且各场降雨下的模拟精度都很高(表 5.7)。因此,根据模型进行更多不同初始条件下的土壤中硝态氮浓度的模拟,有利于更好地理解影响因素对土壤

(A) 雨强=1 mm/min,时长=2 h

(B) 雨强=1.5 mm/min，时长=1.33 h

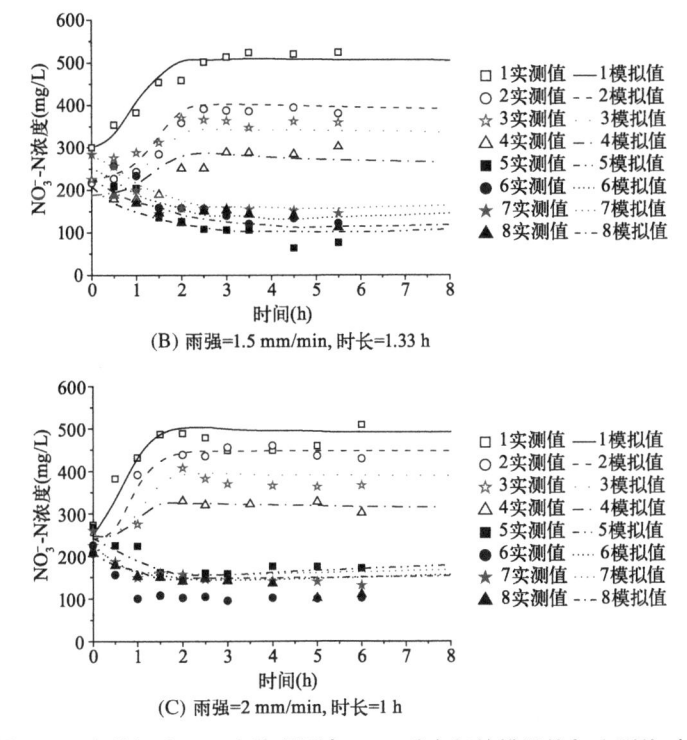

(C) 雨强=2 mm/min，时长=1 h

图 5.14　各单场降雨下土壤观测点 1～8 硝态氮的模拟值与实测值对比

中硝态氮迁移流失的作用。

表 5.7　各单场降雨下模拟土壤观测点硝态氮浓度值的精度评价指标统计表

雨强 (mm/min)	R^2(p 值)	MAE （mg/L）	RMSE （mg/L）	E_{NS}
1	0.946(<0.001)	15.501	20.155	0.945
1.5	0.962(<0.001)	18.275	23.891	0.961
2	0.970(<0.001)	19.938	25.381	0.962

5.4.2　长历时土壤观测点硝态氮的模拟值与实测值对比

图 5.15 显示了坡度为 10°的坡地土壤中各个观测点的硝态氮浓度值在多次间歇性降雨（降雨情况见图 3.2）条件下变化的模拟情况。在该模拟过程中，土壤初始含水量在土壤剖面均匀分布，将其设置为含水量探头收集的含水量均值 0.28 cm³/cm³。土壤初始氮素浓度的设置如图 5.16 所示。其中，

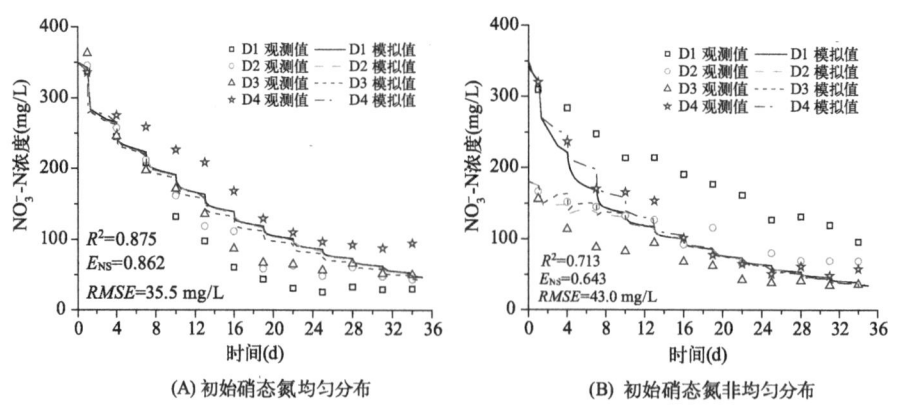

图5.15 长期间歇降雨下土壤观测点 D1~D4 硝态氮模拟值与实测值对比

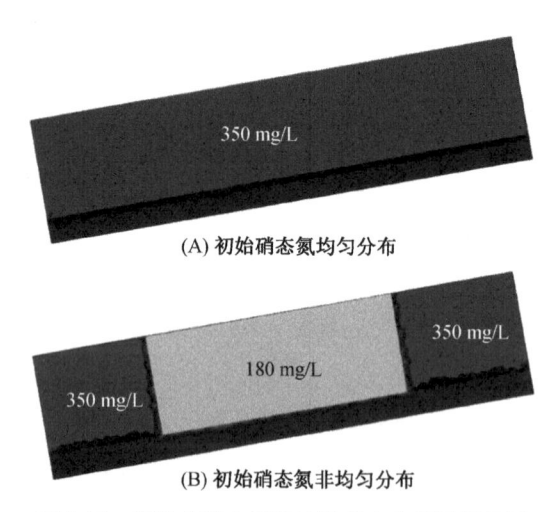

图5.16 模拟中硝态氮初始浓度大小设置示意图

初始硝态氮均匀分布[图5.16(A)]的浓度根据实测值设置为 350 mg/L。同理，初始硝态氮非均匀分布(图5.16B)的浓度可视为以观测点 D1~D4 为中心在坡度方向等距非均匀分布，坡脚和坡顶初始硝态氮设置为 350 mg/L，坡中初始硝态氮浓度设置为 180 mg/L，在垂直方向上分布一致。由图5.15可知，基于 HYDRUS-2D 的模型对于长历时多次降雨下土壤中观测点硝态氮浓度变化特征的模拟取得了好的模拟精度(E_{NS}>0.5)。但因为 D1 处的实测浓度值与模拟值偏差较大而造成 RMSE 值较大，该误差一方面体现了模型不能完全地与实测点数据相吻合，另一方面也体现了实测数据的空间变异性。但总体上模型能较好地模拟实测数据整体下降的变化趋势。模拟值变化过程也较实测点浓度值更为细致地展示了土壤中硝态氮浓度的下降主要发生在每次降雨事件中,呈现垂直下降趋势。然而,在两次降雨事件间隔期内,土壤水的硝态氮浓度也在下降,但是下降幅度远小于每次降雨发生期间的下降幅度。除此以外,通过延长观测时间来看,在第 34 天所有降雨结束后,土壤水中硝态氮浓度呈稳定不变的趋势。由此可以说明,硝态氮在土壤水中的运移主要是因为受到了对流作用,降雨入渗使得土壤水饱和并大范围地运移,从而冲刷携带硝态氮迁移发生流失。而降雨过后,对流作用减弱,硝态氮含量的减小速率也明显减弱。

第六章 硝态氮随壤中流运移流失的预测

第五章根据试验观测数据校准了模型参数,对于壤中流和氮素运移过程借助建立的模型进行数值模拟,一方面可以更深入地分析壤中流过程中的氮素运移和流失特征,另一方面可以降低试验成本和缩短研究时间。本章主要通过数值模拟手段,对土壤中硝态氮的迁移和流失过程进行模拟,将模拟结果用来预测硝态氮随壤中流的流失结果。

6.1 土壤硝态氮运移流失对降雨的响应

在试验中只设置了三种不同降雨条件的处理来观测每次降雨后土壤中硝态氮的运移,并且在试验中引入降雨时长研究其对硝态氮迁移流失的作用。因此,本节根据观测数据来进行模型校正,然后输入更多降雨条件来探讨降雨因子对紫色土坡地硝态氮运移流失的作用。

6.1.1 情景设置

模型参数设置和模拟精度评价见章节 5.3.1。根据研究区的历年降雨条件,共额外设置五组不同降雨条件进行数值模拟,分别为雨强 0.25 mm/min,降雨时长 8 h;雨强 0.5 mm/min,降雨时长 4 h;雨强 0.75 mm/min,降雨时长 2.7 h;雨强 1.25 mm/min,降雨时长 1.6 h;雨强 1.75 mm/min,降雨时长 1.1 h。所有降雨处理均保持降雨总量相等,为 120 mm。初始条件参考章节 5.3.1,但不同的是,为了简化模型,对于除地表层以外的所有网格节点的初始硝态氮浓度均设置为 250 mg/L。边界条件设置参考图 5.3。

6.1.2 观测点硝态氮浓度变化对降雨强度和降雨历时的响应

由图 6.1 可知,不同深度处土壤层的硝态氮浓度呈现不同的变化趋势,上层距地表 15 cm 深度处土壤中硝态氮浓度在降雨中明显出现浓度增长,而下层距地表 35 cm 深度处土壤中硝态氮浓度在降雨中则出现小幅度下降。因此上层土壤硝态氮沿坡度方向的变化也较下层土壤明显。总的来说,硝态氮浓度的变化幅度在沿坡度方向上呈现出由坡脚向坡顶处递减的趋势,即越靠近坡脚硝态氮变化越大。此外,当雨强小于 1 mm/min 时,上层土壤硝态氮浓度的增长出现峰值,且雨强越小,降雨历时越长,则峰值出现的时间相较于降雨结束时刻越提前。最终各处理下观测点硝态氮浓度均趋向于稳定不变的状态。这说明降雨对硝态氮的淋洗作用主要发生在降雨开始到结束后几个小时内,且降雨持续时间越短,淋洗作用持续时间越短,淋洗作用越弱。

(A) 雨强 = 0.25 mm/min,时长 = 8 h

(B) 雨强 = 0.5 mm/min,时长 = 4 h

(C) 雨强 = 0.75 mm/min,时长 = 2.7 h

(D) 雨强 = 1.25 mm/min,时长 = 1.6 h

(E) 雨强 = 1.75 mm/min,时长 = 1.1 h

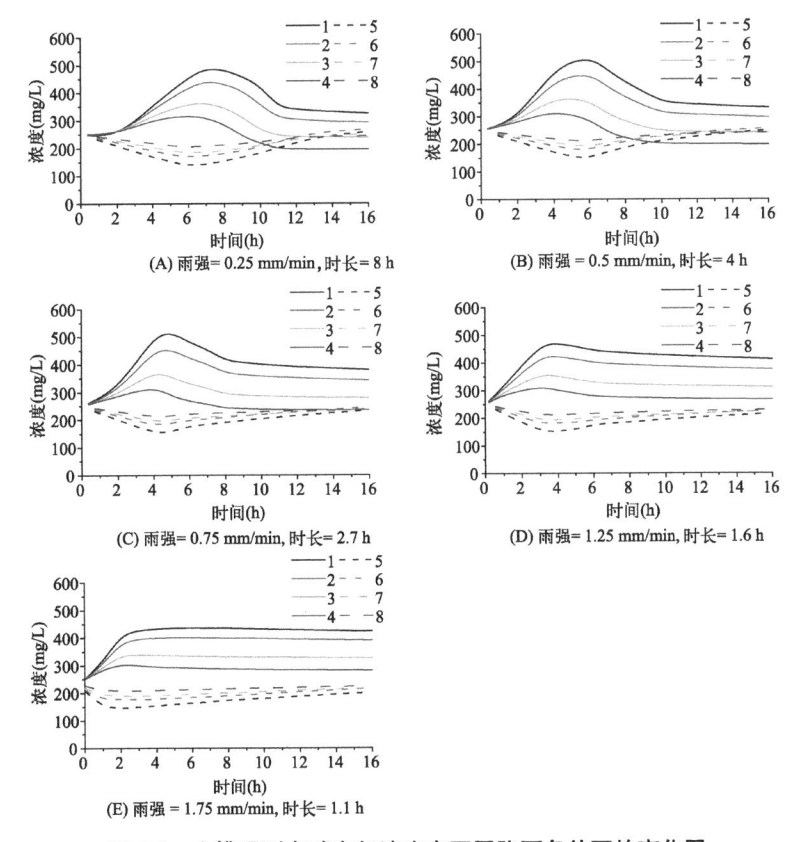

图 6.1　土槽观测点硝态氮浓度在不同降雨条件下的变化图

6.1.3 硝态氮流失对降雨的响应

图 6.1 中所示的坡地中观测点硝态氮含量最终趋于稳定不变的状态,可以理解为降雨对硝态氮的淋洗完成,硝态氮通过地下流失的过程结束。因此,本研究根据式(2.2)和式(2.3)计算了紫色土坡地在坡度为 10°时不同降雨时长和雨强下硝态氮的流失负荷和流失速率,并得到如图 6.2 和图 6.3 所示的其与雨强的拟合关系。

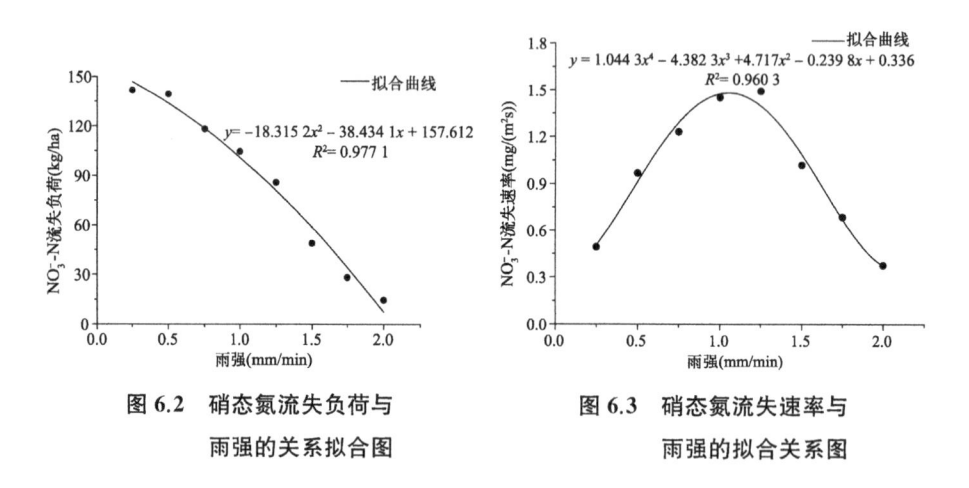

图 6.2 硝态氮流失负荷与雨强的关系拟合图

图 6.3 硝态氮流失速率与雨强的拟合关系图

如图 6.2 所示,在降雨量相等而降雨持续时间不等的情况下,硝态氮的流失负荷与雨强仍表现出显著的负相关,与章节 4.1.3 中的结果一致。考虑到降雨时长在一定程度上影响了硝态氮流失发生的持续时间,本研究将降雨时长 t_p 作为变化参数研究硝态氮的流失速率与雨强的关系。结果如图 6.3 所示,硝态氮流失速率在雨强为 1 mm/min 左右出现峰值,在此雨强下降雨时长为 2 h。由此可以看出,虽然雨强为 1 mm/min 时硝态氮的流失负荷处于中间值,但在引入降雨时长变量后,流失速率在此雨强下出现最大值。当雨强小于 1 mm/min 时,硝态氮流失速率随雨强增大而增大,流失负荷随雨强增大而减小,说明此时硝态氮流失速率主要受降雨时长的影响;当雨强大于 1 mm/min 时,硝态氮流失速率随雨强增大而减小,流失负荷随雨强增大而减小,说明此时硝态氮流失速率主要取决于流失负荷的大小。

6.2 不同初始浓度分布下的硝态氮运移和流失特征

在研究初始氮素分布对氮素运移和流失的作用中,试验处理只涉及两种不同的氮素分布情况,且因为试验条件限制,氮素的地下流失只收集了侧向壤中流携带流失的氮素。本章节将更多的初始氮素分布情况作为不同初始条件输入模型中,并通过模型计算对比了地下硝态氮垂直淋失和通过侧向壤中流携带流失的过程与特征。

6.2.1 情景设置

如图6.4所示,在基于HYDRUS-2D构建模型的数值模拟中,共设置12个观测点,其中最上层观测点(U1~U4)位于距地表5 cm处,中间层观测点(M1~M4)位于距地表21 cm深度处,最下层观测点(D1~D4)位于弱透水层上方3 cm处。根据地表径流和观测点含水量实测值与模拟值对比进行水力参数的校准,并根据观测点硝态氮浓度的变化过程进行溶质运移参数的校准,模型的模拟精度评价见章节5.3.2,具体运行参数见表5.5。由模拟结果输出得到壤中侧向出流口和垂直淋失面的水和硝态氮流失通量。除此以外,将不同的初始硝态氮浓度分布作为影响因子,通过数值模拟更快速直观地展示其对硝态氮在坡地土壤中的运移和流失的影响。

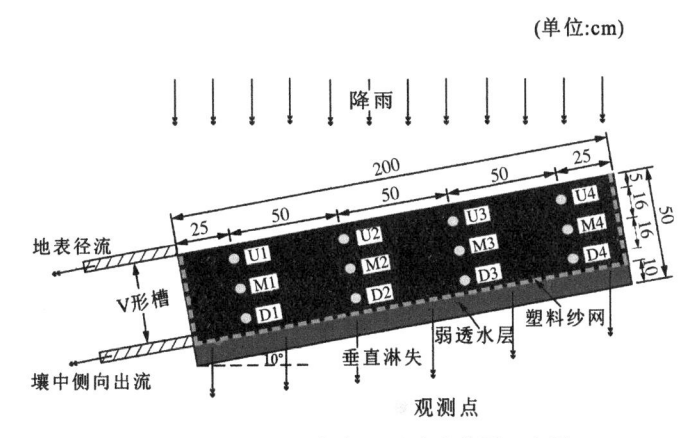

图6.4 模型观测点布置及试验装置示意图

在数值模拟中共设置五组不同初始氮素浓度分布的处理(图6.5),其中,

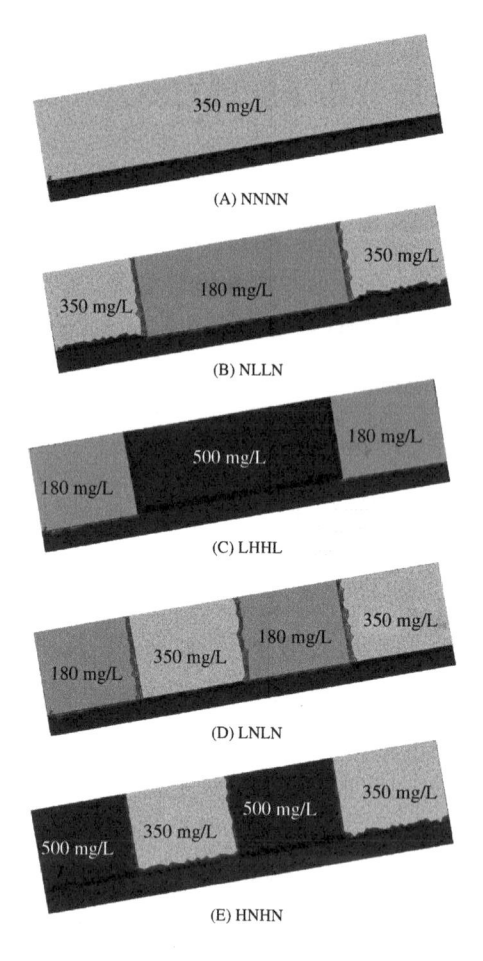

图 6.5　不同初始硝态氮浓度分布图(字母 L 代表低浓度,N 代表普通浓度,H 代表高浓度)

NNNN 处理代表沿坡度方向的初始硝态氮浓度均为 350 mg/L;NLLN 处理代表在坡脚和坡顶处硝态氮初始浓度为 350 mg/L,而在以观测点 2 和观测点 3 为中心的区域内硝态氮初始浓度为 180 mg/L;LHHL 处理代表在坡脚和坡顶处硝态氮初始浓度为 180 mg/L,而在以观测点 2 和观测点 3 为中心的区域内硝态氮初始浓度为 500 mg/L;LNLN 处理代表在以观测点 1 和观测点 3 为中心的区域内硝态氮初始浓度为 180 mg/L,以观测点 2 和观测点 4 为中心的区域内硝态氮初始浓度为 350 mg/L;HNHN 处理代表在以观测点 1 和观测点 3 为中心的区域内硝态氮初始浓度为 500 mg/L,以观测点 2 和观测点 4 为中心的区域内硝态氮初始浓度为 350 mg/L。所有处理中弱透水层的初始硝态氮含量和含水量分别为 50 mg/L 和 0.05 cm^3/cm^3,而紫色土土壤层含水量在剖面均匀分布,为 0.28 cm³/cm³。模拟中边界条件参见图5.3。降雨情况如图6.6所示,每场降雨持续时间60 min,每两场降雨事件之间间隔3 d。

6.2.2 土壤含水量的时空变化特征

由图6.6可知,所有观测点的土壤含水量在第三次降雨时达到饱和,并在以后的每次降雨中达到饱和。对比各个观测点含水量的变化,可以发现在第一次降雨事件中,土壤水未全部达到饱和状态,土壤上层观测点U1~U4的含水量达到峰值,而其余土壤层观测点土壤含水量只达到了0.35 cm³/cm³,这说明越靠近地表,含水率增长越快。在第一次降雨结束后,上层土壤含水量开始减小,而最低层土壤含水量呈缓慢的增长趋势,这说明降雨结束后土壤水在坡地中入渗到土壤深层,且U4处含水量减小最快,而D1处含水量增长最多,这说明一次降雨后坡地土壤水表现出向坡脚和坡底处运移的过程,这与章节3.1.1中的结论一致。在间隔三天后的第二场降雨中,土壤含水量接近饱和,降雨过后土壤含水量的减小速率随土层深度增大而减小,且越靠近坡脚处的观测点含水量的减小速率越小,即土层深度越大或越靠近坡脚的地方,土壤含水量越容易维持在最大值。这也证明了紫色土坡地在土壤和基岩层交界处壤中流丰沛。在第三次降雨时,土壤各观测点含水量均达饱和值,且对设定的降雨强度的增大和减小的反应无差别。因为坡地土壤水饱和,降雨条件的改变主要是对地表径流产流产生影响,如图6.7所示,地表径流流速和降雨条件的变化一致。因此可以推测,三峡库区紫色土区域夏季集中的强降雨对于坡地水土流失存在巨大风险。

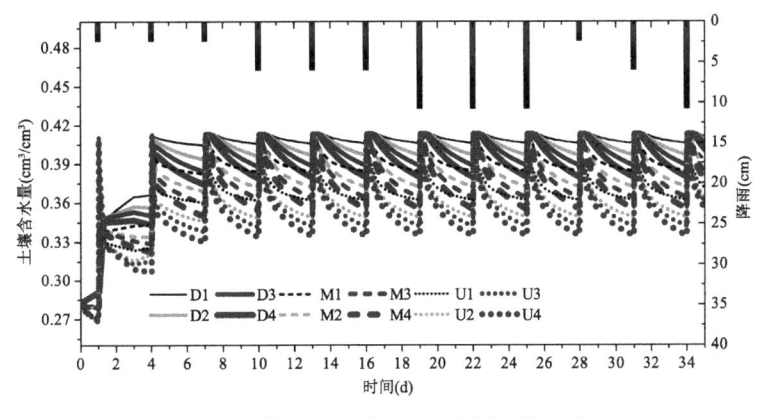

图6.6 土壤观测点含水量在降雨下的变化图

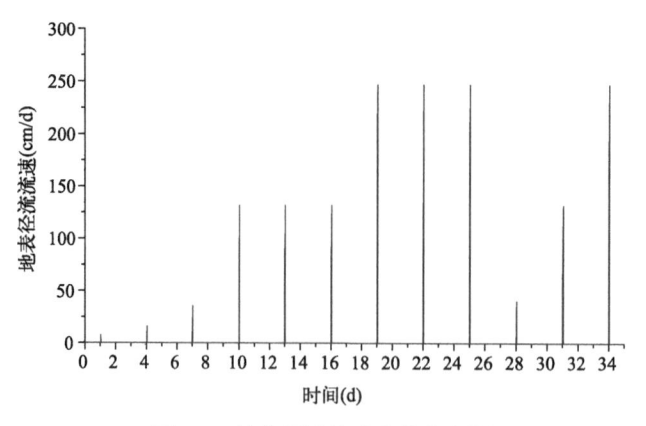

图 6.7　地表径流流速变化分布图

6.2.3　土壤水流失动态过程

由图 6.8 可知,土壤水通过地下流失的速度最大为 2.76 cm/d,只是地表径流流速大小的 1.1%～6.8%。但对比图 6.7 与图 6.8 的流速过程,可以看出地表径流持续时间非常短,仅在降雨发生时出现,而地下壤中流持续时间长,降雨停止后仍然持续低速出流。对比图 6.8 中的侧向出流和垂直淋失的水流流速可知,垂直淋失流速峰值为 0.44 cm/d,远小于侧向出流的峰值 2.76cm/d。但垂直淋失过程较侧向出流更为持久,降雨结束后垂直淋失的水流速率要大于侧向出流流速。由图 6.8 还可以看出,地下出流流速在第七天的降雨时达到峰值,并在后续的降雨事件中,出流流速均达到同一峰值,这是

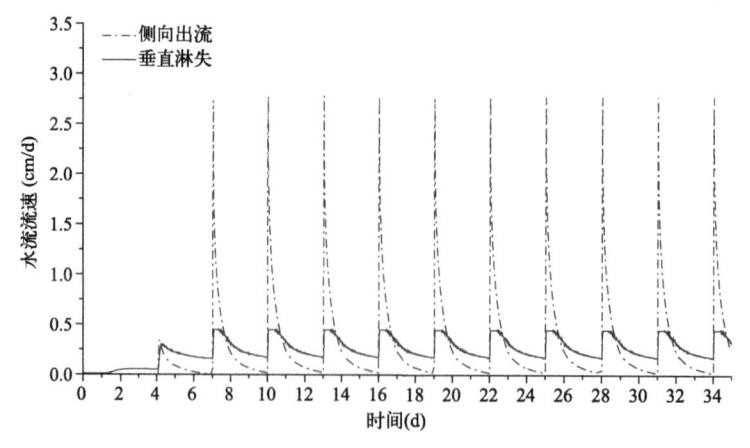

图 6.8　壤中侧向出流和垂直淋失中的水流流速分布图

因为从第三次降雨开始土壤水达到全部饱和并在后续的降雨事件中均达饱和。对比地下出流流速无变化的峰值和地表径流峰值的变化可以知道,地表径流的变化取决于降雨条件的变化,而地下出流的动态过程则取决于土壤含水量的动态过程。因此降雨通过引起土壤水的变化影响着地下出流的情况,而降雨强度对于地下出流的作用规律不明显,这与章节3.2.2中论述的结果一致。

6.2.4 土壤硝态氮分布的时空特征

如图6.9所示,根据观测点硝态氮浓度与初始浓度的比值可以观察到观测点硝态氮浓度的变化情况。在五种不同初始硝态氮浓度分布的情况下,观测点硝态氮浓度变化呈现不同的规律,但总体上都呈减小趋势,这在第3章节和第5章节中已展开分析和讨论,因此本章节主要针对不同的初始浓度分布对土壤硝态氮的运移和淋失作用展开讨论。对于两种不同大小初始浓度分布的情况,如图6.9(B)、(C)、(D)和(E)中的灰色虚线圈所示,低浓度分布处的硝态氮在观测前期出现了明显的增长,且在LHHL处理中低浓度分布处的硝态氮相对浓度的增大最为明显[图6.9(C)]。这说明坡地中硝态氮浓度梯度也是影响其运移的原因,浓度差的存在使得硝态氮由高浓度向低浓度处扩散,即使是位于坡顶处的低浓度仍然会受到坡下高浓度的扩散补给。而对于硝态氮运移所受到的土壤水的对流作用,则与土壤水在坡地中的运移路径一致,即从坡上向坡下和坡底运移,这在单场降雨下短历时的观测中也得到了证实。在12次降雨过程中,硝态氮在土壤水中的运移所受到的浓度梯度的扩散作用相比较而言要弱于降雨下土壤水的对流作用,因为短历时的低浓度处的硝态氮浓度增加并不能阻止间歇性多次降雨下土壤中硝态氮浓度的减小。这说明土壤中硝态氮在集中多次的降雨下,主要受到降雨入渗的淋洗作用。在实际生产过程中,我们可以根据降雨预报来确定施肥时间和施肥量,从而改变土壤中硝态氮的分布。因此,在沿坡度方向无硝态氮梯度分布下[图6.9(A)],各观测点硝态氮浓度在降雨作用下均有所减小,且在上土层处的减小最多。这说明降雨对土壤硝态氮的淋失作用由坡顶向坡脚处和由上土层向深土层处减弱。除此以外,由图6.9可以看出,低浓度分布处的硝态氮受到降雨的淋洗作用,在观测后期要强于高浓度分布处的硝态氮受到的淋洗作用。这说明初始低浓度分布处的硝态氮受到降雨的淋洗作用更持久。

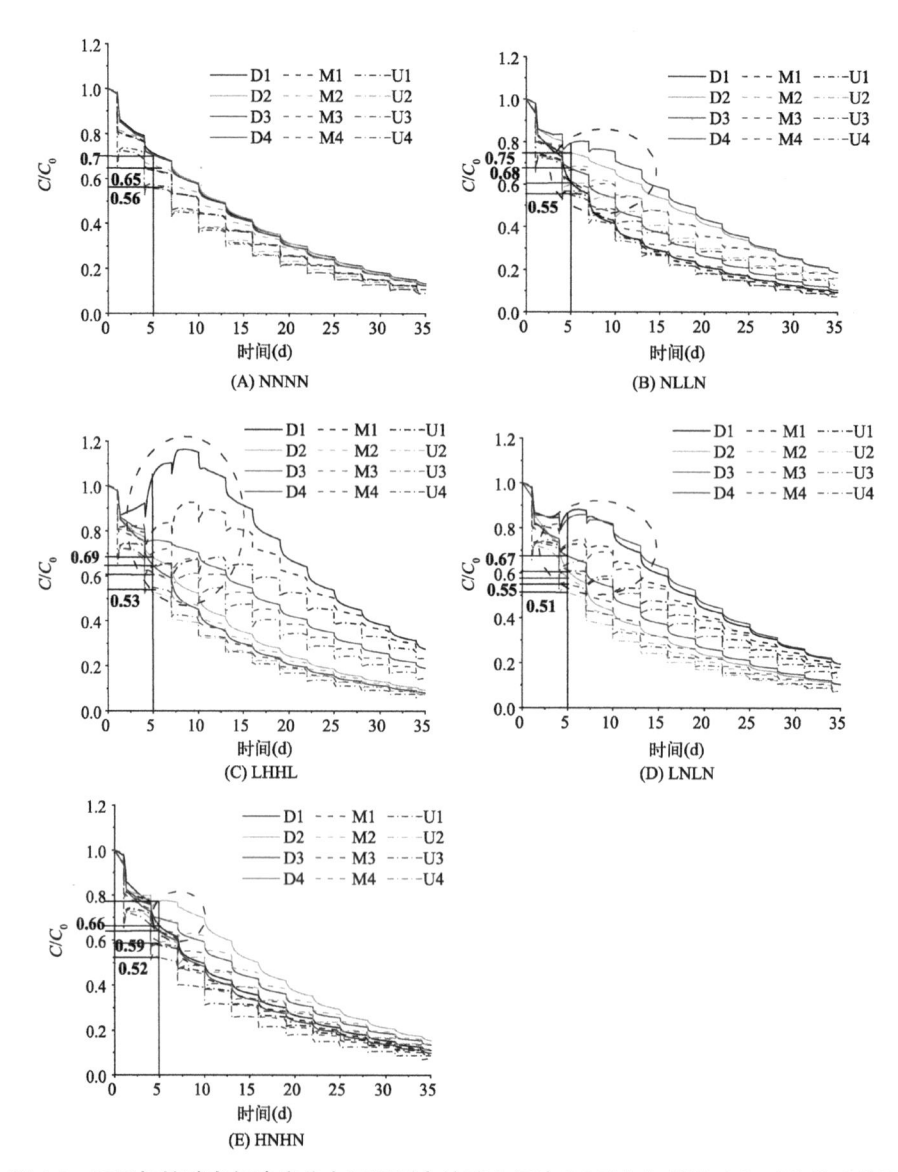

图 6.9 不同初始硝态氮浓度分布下观测点的硝态氮浓度(C)与初始浓度(C_0)比值变化图

由于硝态氮浓度在观测前期快速下降,以第五天时的 C/C_0 值来对比不同处理下硝态氮的淋失速率。对比图 6.9(C)和图 6.9(E),对于初始高浓度硝态氮分布的区域,LHHL 处理中的 C/C_0 值为 0.53,要明显小于在 HNHN 处理中的 C/C_0 值(0.59),说明大的初始浓度分布梯度促使高浓度硝态氮向低浓度处扩散淋失。对比图 6.9(D)和图 6.9(E),在 LNLN 处理中,相对高浓度分布区域的硝态氮的 C/C_0 存在差异,在坡中区域的 C/C_0 值为 0.51,小于坡顶处的 0.55;在 HNHN 处理中,初始高浓度分布区域的 C/C_0 在坡脚处为 0.59,大于坡中区域的 0.52,这是因为坡中区域的高浓度硝态氮会向坡顶和坡脚两边扩散,而坡脚处分布的高浓度硝态氮只向坡上扩散,坡顶处分布的高浓度硝态氮只向坡下扩散。因此,硝态氮在坡地中的分布决定了浓度梯度作用下的扩散范围。这也是对图 6.9(B)中坡脚和坡顶处相近的 C/C_0 值的有力证明。同理,处于坡中区域的低硝态氮浓度因为受到更多的扩散补给,从而浓度降低得更慢。

在垂直方向上,均匀分布处理下的硝态氮浓度的降低随土壤深度呈减弱的规律特征[图 6.9(A)]。即土壤深度越浅,越容易受到降雨引起的土壤水运移对土壤硝态氮的淋洗作用。而对于非均匀分布,可以看出土壤水中硝态氮浓度在最深土壤层的增长趋势最为明显。无论初始硝态氮含量分布如何,在降雨作用下硝态氮都被降雨入渗淋失,浓度梯度通过改变土壤中硝态氮的再分布影响淋失结果。

6.2.5 地下硝态氮侧向和垂直流失过程对比

如图 6.10 所示,和图 6.8 中土壤水出流一样,硝态氮流失速度在第七天时出现峰值。不同的是,后续的降雨事件中水流速度峰值大小保持不变,而硝态氮流失速率峰值则在后续的降雨中逐渐减小,这是因为土壤中硝态氮浓度日趋减小(图 6.9)。再对比各个处理下分别通过侧向出流和垂直淋失的硝态氮流失速度,和水流速度一样,都呈现出垂直淋失速度峰值远小于侧向出流流失速度的情况。因此,硝态氮流失速度主要取决于土壤水流失速度和土壤中硝态氮的含量。结合表 6.1,对比五种不同初始硝态氮浓度分布处理下的流失速率,同期 HNHN 处理下,硝态氮流失速度和流失速率均值最大,其次是 NNNN 处理。比较 NLLN 和 LNLN 处理,硝态氮的垂直流失速率差别日趋减小,且差异值均在 1 mg/(cm·d)以内。而对于硝态氮随侧向出流流失速率,在第 7 天和第 10 天时 NLLN 处理下的流失峰值要大于 LNLN 处理,但是在第 13 天时 LNLN 处理下的流失速率峰值开始超过 NLLN 处理,但差别不大,所以两种处理下的硝态氮平均流失速率几乎相等。对于 LHHL 处理,硝态氮通过侧向出流的流失速率峰值在第 10 天时较第 7 天的峰值有所增大。在章节 5.4 中已经指出坡脚处的硝态氮含量与通过侧向出流流失的硝态氮浓度呈显著正相关,而图 6.10 中硝态氮流失速率峰值的非常规变化都显示:坡地硝态氮的再分布使得坡脚处硝态氮浓度发生变化,从而影响地下氮素流失结果。除此以外,在模拟结果中,各个不同硝态氮含量分布处理下的硝态氮淋失速率均值(图 6.11)和总的流失量(图 6.12),都呈现 HNHN>NNNN>LHHL>NLLN≈LNLN 的规律,说明坡地硝态氮的总流失与氮肥施肥量呈正相关。

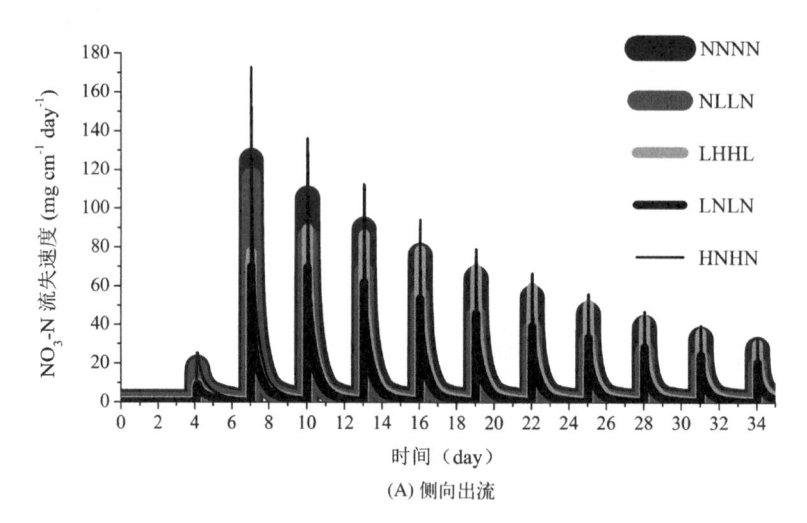

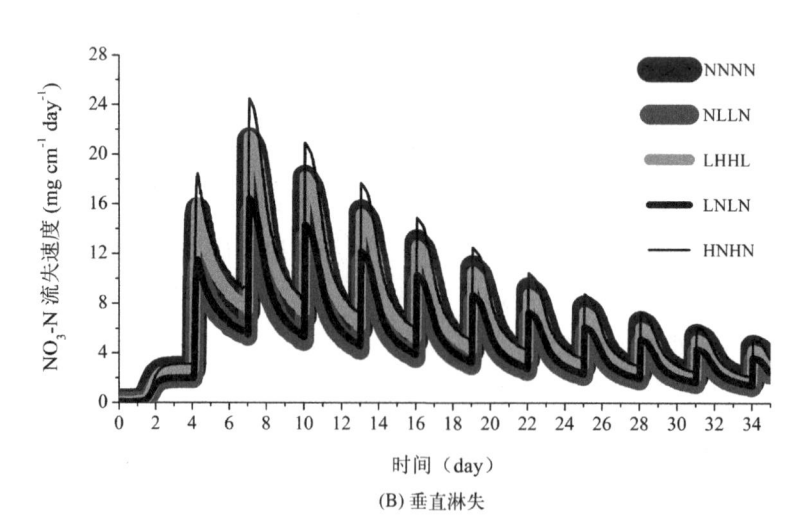

(A) 侧向出流

(B) 垂直淋失

图 6.10 不同处理下地下硝态氮通过侧向出流和垂直淋失的流失速度变化图

表 6.1 不同初始硝态氮分布下硝态氮流失速率峰值统计表

处理	流失途径	硝态氮流失速率峰值[mg/(cm·d)]								
		第7天	第10天	第13天	第16天	第19天	第22天	第25天	第28天	第31天	第34天
NNNN	侧向出流	124.6	105.2	89.2	75.7	64.1	53.8	45.6	38.7	33.1	28.2
	垂直淋失	21.1	18.1	15.3	12.9	10.8	9.1	7.6	6.4	5.3	4.5
NLLN	侧向出流	116.1	85.6	67.1	54.4	44.9	37.4	31.4	26.6	22.5	19.1
	垂直淋失	15.3	13.3	11.4	9.6	8.2	6.9	5.8	4.9	4.1	3.5
LHHL	侧向出流	77.2	89.3	86.4	78.3	68.7	59.1	50.3	42.5	35.8	29.9
	垂直淋失	21.4	18.2	15.2	12.6	10.5	8.8	7.3	6.1	5.1	4.3
LNLN	侧向出流	70.0	69.4	61.9	53.6	45.9	39.2	33.4	28.4	24.2	20.5
	垂直淋失	16.5	14.3	12.1	10.3	8.7	7.3	6.1	5.2	4.4	3.7
HNHN	侧向出流	172.7	136.0	112.3	94.1	79.1	66.5	55.9	46.9	39.5	33.1
	垂直淋失	24.5	20.9	17.7	14.9	12.5	10.4	8.7	7.3	6.2	5.2

对比侧向出流和垂直淋失过程中的硝态氮流失特征可知,侧向出流的硝态氮流失速率均值是垂直淋失速率的近 2 倍(图 6.11),但是硝态氮的总流失通量在这两种地下流失途径中几乎相等(图 6.12)。这是因为垂直淋失过程在除峰值以外的时间以高于侧向流失的速率对硝态氮进行淋失作用,而侧向出流携带的硝态氮流失速率峰值虽然远大于垂直淋失速率,但是持续时间短,所以造成两种地下流失途径中总的硝态氮流失量相近的结果。由此可见,紫色土坡地中硝态氮低速却持续的垂直淋失不容小觑,在野外紫色土坡地区域硝态氮通过垂直淋失进入地下含水层,对当地的地下水环境构成威胁。

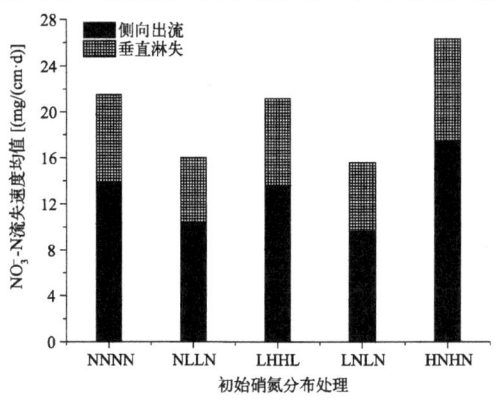

图 6.11 不同处理下地下硝态氮通过侧向出流和垂直淋失的平均流失速度柱状图

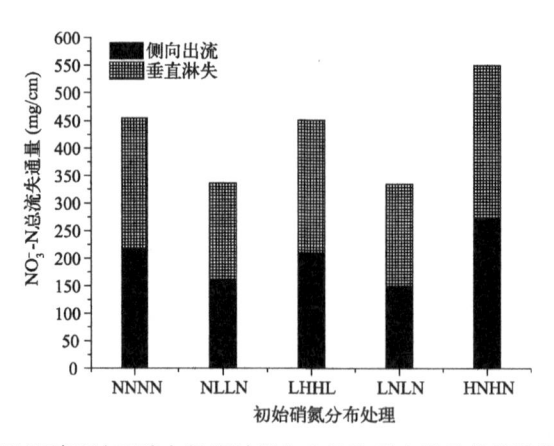

图 6.12　不同处理下地下硝态氮通过侧向出流和垂直淋失的总流失通量柱状图

6.3　控制紫色土坡耕地氮素流失的措施

6.3.1　地表氮素流失的控制

根据紫色土坡耕地地表氮素流失的过程及特征，我们应更加注重控制大雨强下地表泥沙及径流携带的氮素流失。地表产沙量与雨强呈显著正相关，而地表泥沙是氨氮的主要流失途径，因此我们可以通过在坡面种植作物对降雨进行拦截，从而减弱降雨对地表泥沙的冲刷流失作用。地表径流对氮素的携带流失主要发生在地表径流产生初期，因此减少地表径流发生初期的氮素流失至为关键。同样，要控制地表径流携带氮素流失对邻近水源的污染，就要着力于拦截初期地表径流。而针对径流对地表氮素流失浓度的稀释作用，在实际生产中，我们应该减少土壤表面肥料的撒施，减少地表径流直接对地表氮素的携带流失。地表径流携带氮素流失量随坡度增大而增大，因此，在实际生产过程中应对大坡度坡面减少施肥，或在大坡度坡地上方开垦小坡度坡面进行农业生产活动。

6.3.2　地下氮素淋失的控制

根据降雨条件对壤中流携带氮素流失的作用，我们应注意控制小雨强下通过壤中侧向出流发生流失的氮素，尤其是硝态氮的流失。由于壤中流携带氮素流失浓度在出流过程中无峰值,且氮素流失与出流流量呈正相关,因此,对地下氮素流失的治理,应着力于加强土壤的保水性能,通过减少地下壤中流来减少氮素的流失。相比地表氮素流失过程,地下氮素流失过程持续时间更久,在降雨结束后地下氮素淋失现象仍长时间存在,尤其是垂直淋失过程,其对地下水造成污染也是一个更为持久的过程。因此,在降雨过后仍应着力控制氮素地下淋失过程,减少氮素流失,减轻对地下水的污染。因为地下氮素淋失与施肥量呈正相关,所以在坡耕地上进行农业生产活动时,应该尽量合理施肥并减少肥料的施加。而壤中侧向出流所携带的氮素流失主要取决于坡脚处流失断面的氮素分布,因此在坡地上施用肥料时应减少在坡脚处的用量,再结合土壤中不同氮素分布对土壤氮素运移和含量的再分布,可以考虑在坡地不同位置处施加不同量级的肥料,在获得土壤肥力的同时减少污染。

参 考 文 献

[1] 张福锁.加强农业面源污染防治 推进农业绿色发展[N].中国环境报,2021-03-31(3).

[2] 谷保静,段佳堃,任琛琛,等.规模化经营推动中国农业绿色发展[J].农业资源与环境学报,2021,38(5):709-715.

[3] 展晓莹,张爱平,张晴雯.农业绿色高质量发展期面源污染治理的思考与实践[J].农业工程学报,2020,36(20):前插1,1-7.

[4] 张维理,武淑霞,冀宏杰,等.中国农业面源污染形势估计及控制对策I.21世纪初期中国农业面源污染的形势估计[J].中国农业科学,2004,37(7):1008-1017.

[5] 兰婷.乡村振兴背景下农业面源污染多主体合作治理模式研究[J].农村经济,2019(1):8-14.

[6] MA X, LI Y, LI B, et al. Nitrogen and phosphorus losses by runoff erosion: Field data monitored under natural rainfall in Three Gorges Reservoir Area, China[J]. Catena, 2016, 147: 797-808.

[7] DING X W, XUE Y, LIN M, et al. Influence mechanisms of rainfall and terrain characteristics on total nitrogen losses from regosol[J]. Water, 2017, 9(3): 167.

[8] 卢齐齐.人工模拟降雨条件下紫色土氮磷流失规律试验研究[D].重庆大学,2011.

[9] 刘月娇.不同降雨强度和纱网覆盖下紫色土坡耕地水土流失与养分输出特征[D].西南大学,2016.

[10] 赵宇,陈晓燕,康静雯.人工模拟降雨条件下紫色土坡面养分流失特征分析[J].水土保持学报,2013(1):31-34,40.

[11] 万丹.紫色土不同利用方式下土壤侵蚀及氮磷流失研究[D].西南大学,2007.

[12] 马志林.三峡库区坡耕地水土流失特征及防治效应研究[D].北京林业大学,2009.

[13] 梁斐斐,蒋先军,袁俊吉,等.降雨强度对三峡库区坡耕地土壤氮、磷流失主要形态的影响[J].水土保持学报,2012,26(4):81-85.

[14] 陈晓燕.不同尺度下紫色土水土流失效应分析[D].西南大学,2009.

[15] 陶春.耕作措施对三峡库区旱坡地氮、磷流失的影响研究[D].西南大学,2010.

[16] HU Z F, GAO M, XIE D T, et al. Phosphorus loss from dry sloping lands of Three Gorges Reservoir Area, China[J]. Pedosphere, 2013, 23(3): 385-394.

[17] GAO Y, ZHU B, WANG T, et al. Bioavailable phosphorus transport from a hillslope cropland of purple soil under natural and simulated rainfall [J]. Envieonmental Monitoring and Assessment, 2010, 171(1-4): 539-550.

[18] 蒋锐,朱波,唐家良,等.紫色丘陵区典型小流域暴雨径流氮磷迁移过程与通量[J].水利学报,2009,40(6):659-666.

[19] 吴东.三峡库区兰陵溪小流域土地利用变化及其养分流失控制[D].中国林业科学研究院,2016.

[20] 刘廷玺.壤中流形成机理的数学描述[J].内蒙古农牧学院学报,1994(3):83-90.

[21] DUSEK J, VOGEL T, DOHNAL M, et al. Combining dual-continuum approach with diffusion wave model to include a preferential flow component in hillslope scale modeling of shallow subsurface runoff[J]. Advances in Water Resources, 2012, 44: 113-125.

[22] CHENG J H, ZHANG H J, ZHANG Y Y, et al. Characteristics of preferential flow paths and their impact on nitrate nitrogen transport on agricultural land[J]. Polish Journal of Environmental Studies, 2014, 23(6): 1959-1964.

[23] WALTER M T, KIM J S, STEENHUIS T S, et al. Funneled flow mechanisms in a sloping layered soil: Laboratory investigation[J]. Water Resources Research, 2000, 36(4): 841-849.

[24] 谢梅香,张展羽,张平仓,等.紫色土坡耕地硝态氮的迁移流失规律及其数值模拟[J].农业工程学报,2018,34(19):147-154.

[25] XIE M X, ZHANG Z Y, ZHANG P C, et al. Subsurface nitrogen transfer of sloping farmland in purple soil under different precipitation intensities [J]. Fresenius Environmental Bulletin, 2017, 26(11): 6479-6491.

[26] XIE M X, ZHANG Z Y, ZHANG P C, et al. Nitrate nitrogen transport and leaching from sloping farmland of purple soil: Experimental and modelling approaches[J]. Fresenius Environmental Bulletin, 2018, 27(3): 1508-1521.

[27] XIE M X, SIMUNEK J, ZHANG Z Y, et al. Nitrate subsurface transport and losses in response to its initial distributions in sloped soils: An experimental and modelling study[J]. Hydrological Processes, 2019, 33(26): 3282-3296.

[28] XIE M X, ZHANG Z Y, ZHANG P C. Evaluation of mathematical models in nitrogen transfer to overland flow subjected to simulated rainfall[J]. Polish Journal of Environmental Studies, 2020, 29(2): 1421-1434.

[29] QIAN F, HUANG J S, LIU J J, et al. Effects of flow hydraulics on total nitrogen loss on steep slopes under simulated rainfall conditions[J]. Hydrology Research, 2017, 49(4): nh2017261.

[30] 肖雄,吴华武,李小雁.壤中流研究进展与展望[J].干旱气象,2016,34(3):391-402.

[31] ZHAO P, TANG X Y, TANG J L, et al. The nitrogen loss flushing mechanism in sloping farmlands of shallow Entisol in southwestern China: a study of the water source effect[J]. Arabian Journal of Geosciences, 2015, 8(12): 10325-10337.

[32] 芮孝芳.产流模式的发现与发展[J].水利水电科技进展,2013,33(1):1-6,26.

[33] HORTON R E. Surface runoff phenomena. Part 1. Analysis of the Hydrograph[M]. Horton Hydrological Laboratory, Publication 101, Edward Bros, 1935.

[34] 陈正维,刘兴年,朱波.基于SCS-CN模型的紫色土坡地径流预测[J].农业工程学报,2014(7):72-81.

[35] JIA H Y, LEI A, LEI J S, et al. Effects of hydrological processes on nitrogen loss in purple soil[J]. Agricultural Water Management, 2007, 89(1-2): 89-97.

[36] 傅涛.三峡库区坡面水土流失机理与预测评价建模[D].西南农业大学,2002.

[37] 汪涛,朱波,罗专溪,等.紫色土坡耕地径流特征试验研究[J].水土保持学报,2008,22(6):30-34.

[38] 徐勤学,王天巍,李朝霞,等.紫色土坡地壤中流特征[J].水科学进展,2010,21(2):229-234.

[39] 黄丽,丁树文,董舟,等.三峡库区紫色土养分流失的试验研究[J].土壤侵蚀与水土保持学报,1998,4(1):9-14,22.

[40] 罗专溪,朱波,汪涛,等.紫色土坡地泥沙养分与泥沙流失的耦合特征[J].长江流域资源与环境,2008,17(3):379-383.

[41] 丁文峰,张平仓,王一峰.紫色土坡壤中流形成与坡面侵蚀产沙关系试验研究[J].长江科学院院报,2008,25(3):14-17.

[42] 秦川,何丙辉,王亮,等.紫色土区土壤初始含水量对坡面径流溶质流失的影响[J].水土保持研究,2013(1):19-24.

[43] ZHU B, WANG T, KUANG F H, et al. Characteristics of nitrate leaching from hilly cropland of purple soil[J]. Acta Scientiae Circumstantiae, 2008, 28(3): 525-533.

[44] 顾儒馨,倪九派,刘月娇.模拟降雨对工程建设区裸露坡地产流产沙及氮素流失的影响[J].水土保持学报,2017,31(2):33-39.

[45] 李静苑,蒲晓君,郑江坤,等.整地与植被调整对紫色土区坡面产流产沙的影响[J].水土保持学报,2015,29(3):81-85.

参考文献

[46] 刘纪根,张昕川,李力,等.紫色土坡面植被覆盖度对水土流失影响研究[J].水土保持研究,2015,22(3):16-20,27.

[47] 杨婷.黄土坡面土壤养分随地表径流流失及动力模型[D].西安理工大学,2016.

[48] SHARPLEY A N. Depth of surface soil-runoff interaction as affected by rainfall, soil slope, and management[J]. Journal Soil Science Society of America, 1985, 49(4): 1010-1015.

[49] DAHLKE H E, EASTON Z M, LYON S W, et al. Dissecting the variable source area concept — Subsurface flow pathways and water mixing processes in a hillslope [J]. Journal of Hydrology, 2012, 420-421: 125-141.

[50] 徐建,戴树桂,刘广良.土壤和地下水中污染物迁移模型研究进展[J].土壤与环境.2002,11(3):299-302.

[51] AHUJA L R. Characterization and modeling of chemical transfer to runoff[C]// Stewart B A. Advances in soil science. New York: Springer New York, 1986: 149-188.

[52] YANG T, WANG Q J, LIU Y L, et al. A comparison of mathematical models for chemical transfer from soil to surface runoff with the impact of rain[J]. Catena, 2016, 137: 191-202.

[53] 王全九,沈晋,王文焰,等.降雨条件下黄土坡面溶质随地表径流迁移实验研究[J].水土保持学报,1993,7(1):11-17,52.

[54] 田坤,Huang Chihua,王光谦,等.降雨-径流条件下土壤溶质迁移过程模拟[J].农业工程学报,2011,27(4):81-87.

[55] TAO W H, WU J H, WANG Q J. Mathematical model of sediment and solute transport along slope land in different rainfall pattern conditions[J]. Scientific Reports, 2017, 7(44082).

[56] WU L, PENG M L, QIAO S S, et al. Assessing impacts of rainfall intensity and slope on dissolved and adsorbed nitrogen loss under bare loessial soil by simulated rainfalls[J]. Catena, 2018, 170: 51-63.

[57] 张小娜,冯杰,高永波,等.不同雨强条件下坡度对坡地产汇流及溶质运移的影响[J].水土保持通报,2010(2):119-123.

[58] ARMSTRONG A, QUINTON J N, FRANCIS B, et al. Controls over nutrient dynamics in overland flows on slopes representative of agricultural land in North West Europe[J]. Geoderma, 2011, 164(1-2): 2-10.

[59] BECHMANN M. Long-term monitoring of nitrogen in surface and subsurface runoff from small agricultural dominated catchments in Norway [J]. Agriculture

Ecosystems & Environment, 2014, 198: 13-24.

[60] LIU Y, TAO Y, WAN K Y, et al. Runoff and nutrient losses in citrus orchards on sloping land subjected to different surface mulching practices in the Danjiangkou Reservoir area of China[J]. Agricultural Water Management, 2012, 110: 34-40.

[61] KLEINMAN P, SRINIVASAN M S, DELL C J, et al. Role of rainfall intensity and hydrology in nutrient transport via surface runoff[J]. Journal of Environmental Quality, 2006, 35(4): 1248-1259.

[62] ZHENG F L, HUANG C H, Norton L D. Surface water quality — Effects of near-surface hydraulic gradients on nitrate and phosphorus losses in surface runoff[J]. Journal of Environmental Quality, 2004, 33(6): 2174-2182.

[63] KOHNE J M, KOHNE S, SIMUNEK J. A review of model applications for structured soils: b) Pesticide transport[J]. Journal of Contaminant Hydrology, 2009, 104(1-4): 36-60.

[64] 李勇,王超,汤红亮.小流域坡地表土层营养物质输运规律研究进展[J].河海大学学报(自然科学版),2004(6):627-631.

[65] 张红梅.饱和-非饱和土中氟运移规律动态实验及数值模拟研究[D].河海大学,2005.

[66] VEIZAGA E A, RODRIGUEZ L, OCAMPO C J. Water and chloride transport in a fine-textured soil in a feedlot pen[J]. Journal of Contaminant Hydrology, 2015, 182: 91-103.

[67] LAINE-KAULIO H, BACKNAS S, KARVONEN T, et al. Lateral subsurface stormflow and solute transport in a forested hillslope: A combined measurement and modeling approach[J]. Water Resources Research, 2014, 50(10): 8159-8178.

[68] KAHL G, INGWERSEN J, NUTNIYOM P, et al. Micro-trench experiments on interflow and lateral pesticide transport in a sloped soil in northern Thailand[J]. Journal of Environmental Quality, 2007, 36(4): 1205-1216.

[69] LOGSDON S D. Subsurface lateral transport in glacial till soils[J]. Transactions of the ASABE, 2007, 50(3): 875-883.

[70] 曹红霞.不同灌溉制度条件下土壤溶质迁移规律及其数值模拟[D].西北农林科技大学,2003.

[71] 罗春燕,涂仕华,庞良玉,等.降雨强度对紫色土坡耕地养分流失的影响[J].水土保持学报,2009(4):24-27.

[72] MELLAND A R, MC CASKILL M R, WHITE R E, et al. Loss of phosphorus and nitrogen in runoff and subsurface drainage from high and low input pastures grazed

by sheep in southern Australia[J]. Australian Journal of Soil Research, 2008, 46(2): 161-172.

[73] WANG H, GAO J, LI X, et al. Nitrate accumulation and leaching in surface and ground water based on simulated rainfall experiments[J]. Plos One, 2015, 10(8): e0136274.

[74] HEATHWAITE A L, DILS R M. Characterising phosphorus loss in surface and subsurface hydrological pathways[J]. Science of the Total Environment, 2000, 251-252: 523-538.

[75] MAMUN M, LEE S J, AN K G. Roles of nutrient regime and N: P ratios on algal growth in 182 Korean agricultural reservoirs[J]. Polish Journal of Environmental Studies. 2018, 27(3): 1175-1185.

[76] BILLY C, BIRGAND F, ANSART P, et al. Factors controlling nitrate concentrations in surface waters of an artificially drained agricultural watershed[J]. Landscape Ecology, 2013, 28(4): 665-684.

[77] WANG Y, ZHANG B, LIN L, et al. Agroforestry system reduces subsurface lateral flow and nitrate loss in Jiangxi Province, China[J]. Agriculture Ecosystems & Environment, 2011, 140(3-4): 441-453.

[78] MILLER M P, TESORIERO A J, CAPEL P D, et al. Quantifying watershed-scale groundwater loading and in-stream fate of nitrate using high-frequency water quality data[J]. Water Resources Research, 2016, 52(1): 330-347.

[79] QIAN F, CHENG D B, DING W F, et al. Hydraulic characteristics and sediment generation on slope erosion in the Three Gorges Reservoir Area, China[J]. Journal of Hydrology and Hydromechanics, 2016, 64(3): 237-245.

[80] 薛鹏程,庞燕,项颂,等.模拟降雨条件下农田氮素径流流失特征研究[J].农业环境科学学报,2017,36(7):1362-1368.

[81] ZHU B, WANG T, KUANG F H, et al. Measurements of nitrate leaching from a hillslope cropland in the central Sichuan Basin, China[J]. Soil Science Society of America Journal, 2009, 73(4): 1419-1426.

[82] POT V, SIMUNEK J, BENOIT P, et al. Impact of rainfall intensity on the transport of two herbicides in undisturbed grassed filter strip soil cores[J]. Journal of Contaminant Hydrology, 2005, 81(1-4): 63-88.

[83] SUGITA F, NAKANE K. Combined effects of rainfall patterns and porous media properties on nitrate leaching[J]. Vadose Zone Journal, 2007, 6(3): 548-553.

[84] 丁文峰,张平仓.紫色土坡面壤中流养分输出特征[J].水土保持学报,2009(4):

15-19,53.

[85] 邬燕虹,张丽萍,陈儒章,等.坡长和雨强对氮素流失影响的模拟降雨试验研究[J].水土保持学报,2017,31(2):7-12.

[86] Xing W, Yang P, Ren S, et al. Slope length effects on processes of total nitrogen loss under simulated rainfall[J]. Catena, 2016, 139:73-81.

[87] 夏立忠,马力,杨林章,等.植物篱和浅垄作对三峡库区坡耕地氮磷流失的影响[J].农业工程学报,2012,28(14):104-111.

[88] 高扬,朱波,汪涛,等.人工模拟降雨条件下紫色土坡地生物可利用磷的输出[J].中国环境科学,2008,28(6):542-547.

[89] 霍洪江,汪涛,魏世强,等.三峡库区紫色土坡耕地氮素流失特征及其坡度的影响[J].西南大学学报(自然科学版),2013(11):112-117.

[90] 李其林,魏朝富,曾祥燕,等.自然降雨对紫色土坡耕地氮磷流失的影响[J].灌溉排水学报,2010,29(2):76-80.

[91] 栾好安,王晓雨,韩上,等.三峡库区橘园种植绿肥对土壤养分流失的影响[J].水土保持学报,2016,30(2):68-72.

[92] 苟桃吉,高明,王子芳,等.三种牧草对三峡库区旱坡地氮磷养分流失的影响[J].草业学报,2017,26(4):53-62.

[93] 徐畅,谢德体,高明,等.三峡库区小流域旱坡地氮磷流失特征研究[J].水土保持学报,2011,25(1):1-5,10.

[94] 曾立雄,肖文发,黄志霖,等.三峡库区兰陵溪小流域养分流失特征[J].环境科学,2013,34(8):3035-3042.

[95] HULUGALLE N R, WEAVER T B, FINLAY L A. Soil water storage, drainage, and leaching in four irrigated cotton-based cropping systems sown in a Vertosol with subsoil sodicity[J]. Soil Research, 2012, 50(8):652-663.

[96] NACHIMUTHU G, WATKINS M D, HULUGALLE N R, et al. Leaching of dissolved organic carbon and nitrogen under cotton farming systems in a Vertisol[J]. Soil Use and Management, 2019, 35(3):443-452.

[97] HUANG W Y, HEIFNER R G, TAYLOR H, et al. Timing nitrogen fertilizer application to reduce nitrogen losses to the environment[J]. Water Resources Management, 2000, 14(1):35-58.

[98] RUFFATTI M D, ROTH R T, LACEY C G, et al. Impacts of nitrogen application timing and cover crop inclusion on subsurface drainage water quality[J]. Agricultural Water Management, 2019, 211:81-88.

[99] MARINOV I, MARINOV A M. A coupled mathematical model to predict the

influence of nitrogen fertilization on crop, soil and groundwater quality[J]. Water Resources Management, 2014, 28(15): 5231-5246.

[100] FEIZOLAHPOUR F, KOUCHAKZADEH M, ABBASI F, et al. Evaluation of the effect of split application of urea on nitrogen losses in furrow fertigation[J]. Majallah-i āb va Khāk, 2017, 30(5): 1584-1594.

[101] CHILUNDO M, JOEL A, WESSTROM I, et al. Influence of irrigation and fertilisation management on the seasonal distribution of water and nitrogen in a semi-arid loamy sandy soil[J]. Agricultural Water Management, 2018, 199: 120-137.

[102] 林超文,庞良玉,罗春燕,等.平衡施肥及雨强对紫色土养分流失的影响[J]. 生态学报,2009,29(10):5552-5560.

[103] 林超文,罗春燕,庞良玉,等.不同雨强和施肥方式对紫色土养分损失的影响[J]. 中国农业科学,2011,44(9):1847-1854.

[104] 王云,徐昌旭,汪怀建,等.施肥与耕作对红壤坡地养分流失的影响[J]. 农业环境科学学报,2011,30(3):500-507.

[105] 汪涛,朱波,武永锋,等.不同施肥制度下紫色土坡耕地氮素流失特征[J]. 水土保持学报,2005,19(5):65-68.

[106] SMITH D R, OWENS P R, LEYTEM A B, et al. Nutrient losses from manure and fertilizer applications as impacted by time to first runoff event[J]. Environmental Pollution, 2007, 147(1): 131-137.

[107] EVERAERT M, DA SILVA R C, DEGRYSE F, et al. Limited dissolved phosphorus runoff losses from layered double hydroxide and struvite fertilizers in a rainfall simulation study[J]. Journal of environment quality, 2018, 47(2): 371-377.

[108] BOURAIMA A, HE B H, TIAN T Q. Runoff, nitrogen (N) and phosphorus (P) losses from purple slope cropland soil under rating fertilization in Three Gorges Region[J]. Environmental Science&Pollution Research, 2016, 23(5): 4541-4550.

[109] KE J, HE R C, HOU P F, et al. Combined controlled-released nitrogen fertilizers and deep placement effects of N leaching, rice yield and N recovery in machine-transplanted rice[J]. Agriculture, Ecosystems & Environment, 2018, 265: 402-412.

[110] YAO Y L, ZHANG M, TIAN Y H, et al. Urea deep placement for minimizing NH3 loss in an intensive rice cropping system[J]. Field Crops Research, 2018, 218: 254-266.

[111] YOUNG E O, BRIGGS R D.Shallow ground water nitrate-N and ammonium-N in

cropland and riparian buffers[J]. Agriculture, Ecosystems & Environment, 2005, 109(3-4): 297-309.

[112] 汪涛,朱波,罗专溪,等.紫色土坡耕地硝酸盐流失过程与特征研究[J].土壤学报, 2010,47(5): 962-970.

[113] 朱波,汪涛,徐泰平,等.紫色丘陵区典型小流域氮素迁移及其环境效应[J].山地学报,2006,24(5): 601-606.

[114] ZHAO S L, GUPTA S C, HUGGINS D R, et al. Tillage and nutrient source effects on surface and subsurface water quality at corn planting[J]. Journal of Environmental Quality, 2001, 30(3): 998-1008.

[115] ZHOU M H, ZHU B, BUTTERBACH-BAHL K, et al. Nitrate leaching, direct and indirect nitrous oxide fluxes from sloping cropland in the purple soil area, southwestern China[J]. Environment Pollution, 2012, 162: 361-368.

[116] 朱波,周明华,况福虹,等.紫色土坡耕地氮素淋失通量的实测与模拟[J].中国生态农业学报,2013,21(1): 102-109.

[117] 王全九,王文焰,沈冰,等.降雨-地表径流-土壤溶质相互作用深度[J].土壤侵蚀与水土保持学报,1998(2): 41-46.

[118] AO C, YANG P, REN S, et al. Mathematical model of ammonium nitrogen transport with overland flow on a slope after polyacrylamide application[J]. Scientific Reports, 2018, 8(6380).

[119] YANG T, WANG Q J, WU L S, et al. A mathematical model for the transfer of soil solutes to runoff under water scouring[J]. Science of the Total Environment, 2016, 569-570: 332-341.

[120] YANG T, WANG Q J, WU L S, et al. A mathematical model for soil solute transfer into surface runoff as influenced by rainfall detachment[J]. Science of the Total Environment, 2016, 557-558: 590-600.

[121] JR DONIGIAN A S, BEYERLEIN D C, JR DAVIS H H, et al. Agricultural runoff management (ARM) model Version II: refinement and testing[M]. Ecological Research Series (USA). no. 600/3-77-098, 1977.

[122] AHUJA L R, SHARPLEY A N, YAMAMOTO M, et al. The depth of rainfall-runoff-soil interaction as determined by ^{32}P[J]. Water Resources Research, 1981, 17(4): 969-974.

[123] AHUJA L R.Release of a soluble chemical from soil to runoff[J]. Transactions of the ASAE, 1982, 25(4): 948-953, 960.

[124] 王全九,王辉.黄土坡面土壤溶质随径流迁移有效混合深度模型特征分析[J].水利

学报,2010,41(6):671-676.

[125] PHILIP J R. The Theory of infiltration:1.The infiltration equation and its solution [J]. Soil Science, 1957, 83(5):345-358.

[126] DONG W C, WANG Q J, ZHOU B B, et al. A simple model for the transport of soil-dissolved chemicals in runoff by raindrops[J]. Catena, 2013, 101:129-135.

[127] GAO B, WALTER M T, STEENHUIS T S, et al. Rainfall induced chemical transport from soil to runoff: theory and experiments[J]. Journal of Hydrology, 2004, 295(1-4):291-304.

[128] LIANG J, BRADFORD S A, SIMUNEK J, et al. Adapting HYDRUS-1D to simulate overland flow and reactive transport during sheet flow deviations[J]. Vadose Zone Journal, 2017, 16(6):1-18.

[129] WALLACH R, JURY W A, SPENCER W F. Modeling the losses of soil-applied chemicals in runoff: lateral irrigation versus precipitation[J]. Soil Science Society of America Journal, 1988, 52(3):605-612.

[130] WALLACH R, GRIGORIN G, RIVLIN J. A comprehensive mathematical model for transport of soil-dissolved chemicals by overland flow[J]. Journal of Hydrology, 2001, 247(1-2):85-99.

[131] SIMUNEK J, VAN GENUCHTEN M T. Modeling nonequilibrium flow and transport processes using HYDRUS[J]. Vadose Zone Journal, 2008, 7(2):782-797.

[132] KOHNE J M, KPHNE S, SIMUNEK J. Multi-process herbicide transport in structured soil columns: Experiments and model analysis [J]. Journal of Contaminant Hydrology, 2006, 85(1-2):1-32.

[133] LAINE-KAULIO H, KOIVUSALO H. Model-based exploration of hydrological connectivity and solute transport in a forested hillslope[J]. Land Degradation and Development, 2018, 29(4):1176-1189.

[134] GERKE H H, VAN GENUCHTEN M T. A dual-porosity model for simulating the preferential movement of water and solutes in structured porous media[J]. Water Resources Research, 1993, 29(2):305-319.

[135] DUSEK J, VOGEL T. Hillslope-storage and rainfall-amount thresholds as controls of preferential stormflow[J]. Journal of Hydrology, 2016, 534:590-605.

[136] DUSEK J, VOGEL T, DOHNAL M, et al. Dynamics of dissolved organic carbon in hillslope discharge: Modeling and challenges[J]. Journal of Hydrology, 2017, 546:309-325.

[137] DUSEK J, VOGEL T, SANDA M. Hillslope hydrograph analysis using synthetic and natural oxygen-18 signatures[J]. Journal of Hydrology, 2012, 475: 415-427.

[138] VOGEL T, BREZINA J, DOHNAL M, et al. Physical and Numerical Coupling in Dual-Continuum Modeling of Preferential Flow[J]. Vadose Zone Journal, 2010, 9(2): 260-267.

[139] BOUSSINESQ J. Essai sur la théorie des eaux courantes [M]. Paris: Impr. nationale, 1877.

[140] MALAGO A, BOURAOUI F, VIGIAK O, et al. Modelling water and nutrient fluxes in the Danube River Basin with SWAT [J]. Science of the Total Environment, 2017, 603-604: 196-218.

[141] EBRAHIMIAN H, LIAGHAT A, PARSINEJAD M, et al. Simulation of 1D surface and 2D subsurface water flow and nitrate transport in alternate and conventional furrow fertigation[J]. Irrigation Science, 2013, 31(3): 301-316.

[142] AKBARIYEH S, BARTELT-HUNT S, SNOW D, et al. Three-dimensional modeling of nitrate-N transport in vadose zone: Roles of soil heterogeneity and groundwater flux[J]. Journal of Contaminant Hydrology, 2018, 211: 15-25.

[143] SALEHI A A, NAVABIAN M, VARAKI M E, et al. Evaluation of HYDRUS-2D model to simulate the loss of nitrate in subsurface controlled drainage in a physical model scale of paddy fields[J]. Paddy and Water Environment, 2017, 15(2): 433-442.

[144] ASADA K, EGUCHI S, IKEBA M, et al. Modeling nitrogen leaching from Andosols amended with different composted manures using LEACHM[J]. Nutrient Cycling in Agroecosystems, 2018, 110(2): 307-326.

[145] ASADA K, EGUCHI S, URAKAWA R, et al. Modifying the LEACHM model for process-based prediction of nitrate leaching from cropped Andosols[J]. Plant & Soil, 2013, 373(1-2): 609-625.

[146] TONITTO C, LI C S, SEIDEL R, et al. Application of the DNDC model to the Rodale Institute Farming Systems Trial: challenges for the validation of drainage and nitrate leaching in agroecosystem models [J]. Nutrient Cycling in Agroecosystems, 2010, 87(3): 483-494.

[147] Liang H, Qi Z M, Hu K L, et al. Modelling subsurface drainage and nitrogen losses from artificially drained cropland using coupled DRAINMOD and WHCNS models[J]. Agricultural Water Management, 2018, 195(C): 201-210.

[148] 梁浩,胡克林,李保国,等.土壤—作物—大气系统水热碳氮过程耦合模型构建[J].

农业工程学报,2014(24):54-66.

[149] LI C S, FROLKING S, FROLKING T A. A model of nitrous oxide evolution from soil driven by rainfall events. I-Model structure and sensitivity. II-Model applications[J]. Journal of Geophysical Research Atmospheres,1992,97(D9):9759-9783.

[150] DENG J, ZHU B, ZHOU Z X, et al. Modeling nitrogen loadings from agricultural soils in southwest China with modified DNDC[J]. Journal of Geophysical Research: Biogeosciences,2011,116(G2).

[151] 龙天渝,刘祥章,刘佳.紫色土坡耕地硝态氮随壤中流迁移的时空分布模拟[J].农业环境科学学报,2015(10):1973-1978.

[152] VAN GENUCHTEN M T. A closed-form equation for predicting the hydraulic conductivity of unsaturated soils[J]. Journal of Soil Science Society of America,1980,44(5):892-898.

[153] MUALEM Y. A new model for predicting the hydraulic conductivity of unsaturated porous media[J]. Water Resources Research,1976,12(3):513-522.

[154] 雷志栋,杨诗秀,谢森传.土壤水动力学[M].北京:清华大学出版社,1988.

[155] SIMUNEK J, VAN GENUCHTEN M T, SEJNA M. Development and applications of the HYDRUS and STANMOD software packages and related codes [J]. Vadose Zone Journal,2008,7(2):587-600.

[156] SIMUNEK J, VAN GENUCHTEN M T, SEJNA M. Recent Developments and Applications of the HYDRUS Computer Software Packages[J]. Vadose Zone Journal,2016,15(7):1-25.

[157] DOLTRA J, MUNOZ P. Simulation of nitrogen leaching from a fertigated crop rotation in a Mediterranean climate using the EU-Rotate_N and HYDRUS-2D models[J]. Agricultural Water Management,2010,97(2):277-285.

[158] KARANDISH F, SIMUNEK J. Two-dimensional modeling of nitrogen and water dynamics for various N-managed water-saving irrigation strategies using HYDRUS [J]. Agricultural Water Management,2017,193(C):174-190.

[159] BEAR J. Dynamics of fluids in porous media[M]. Courier Corporation,1988.

[160] YANG T, WANG Q J, XU D, et al. A method for estimating the interaction depth of surface soil with simulated rain[J]. Catena,2015,124:109-118.

[161] SCHNEIDER A, BAUMGARTL T, DOLEY D, et al. Evaluation of the heterogeneity of constructed landforms for rehabilitation using lysimeters[J]. Vadose Zone Journal,2010,9(4):898-909.

[162] LI Y, SIMUNEK J, ZHANG Z T, et al. Water flow and nitrate transport through a lakeshore with different revetment materials[J]. Journal of Hydrology, 2015, 520: 123-133.